U S E R

I N T E R

D E S N

设计"一本通"丛书

UI设计

陈根 编著

电子工业出版社
Publishing House of Electronics Industry
北京·BEIJING

内 容 简 介

本书紧扣时下热门的用户界面（User Interface,UI）设计趋势，主要讲解 UI 设计的概念、UI 设计中的用户认知、著名的 UI 设计准则、UI 设计中的视觉元素设计、网站的 UI 交互设计，以及移动端的 UI 交互设计六个方面的内容。本书图文并茂、简单易懂，旨在普及 UI 设计的相关前沿理念，全面阐述 UI 设计在网站及移动端两大主流设计领域的具体表现和所需掌握的专业技能。

本书可作为 UI 设计师、平面设计师、用户体验专家、网页设计师等提高设计技能、开阔视野的读物；适合想要从事 UI 设计相关工作的读者学习使用；可作为高校及培训机构平面设计和网页设计等相关专业的教材或教辅。感兴趣的读者也可以轻松阅读本书，用来理解和接受 UI 设计知识。

图书在版编目（CIP）数据

UI 设计 / 陈根编著. —北京：电子工业出版社，2021.10
（设计"一本通"丛书）
ISBN 978-7-121-42048-1

I. ① U… II. ①陈… III. ①人机界面—程序设计 IV. ① TP311.1

中国版本图书馆CIP数据核字（2021）第192197 号

责任编辑：秦　聪　　文字编辑：康　霞
印　　刷：河北迅捷佳彩印刷有限公司
装　　订：河北迅捷佳彩印刷有限公司
出版发行：电子工业出版社
　　　　　北京市海淀区万寿路173信箱　邮编：100036
开　　本：720×1000　1/16　印张：14.75　字数：259.6 千字
版　　次：2021 年 10 月第 1 版
印　　次：2021 年 10 月第 1 次印刷
定　　价：88.00 元

凡所购买电子工业出版社图书有缺损问题，请向购买书店调换。若书店售缺，请与本社发行部联系，联系及邮购电话：(010) 88254888，88258888。
质量投诉请发邮件至 zlts@phei.com.cn，盗版侵权举报请发邮件至 dbqq@phei.com.cn。
本书咨询联系方式：(010) 88254568，qincong@phei.com.cn。

设计是什么呢？人们常常把"设计"一词挂在嘴边，如那套房子装修得不错、这个网站的设计很有趣、那把椅子的设计真好、那栋建筑好另类……即使不懂设计，人们也喜欢说这个词。2017年，世界设计组织（World Design Organization，WDO）对设计赋予了新的定义：设计是驱动创新、成就商业成功的战略性解决问题的过程，通过创新性的产品、系统、服务和体验创造更美好的生活品质。

设计是一个跨学科的专业，它将创新、技术、商业、研究及消费者紧密联系在一起，共同进行创造性活动，并将需解决的问题、提出的解决方案进行可视化，重新解构问题，将其作为研发更好的产品和建立更好的系统、服务、体验或商业机会，提供新的价值和竞争优势。设计通过其输出物对社会、经济、环境及伦理问题的回应，帮助人类创造一个更好的世界。

由此可以理解，设计体现了人与物的关系。设计是人类本能的体现，是人类审美意识的驱动，是人类进步与科技发展的产物，是人类生活质量的保证，是人类文明进步的标志。

设计的本质在于创新，创新则不可缺少"工匠精神"。本丛书得"供给侧结构性改革"与"工匠精神"这一对时代"热搜词"的启发，洞悉该背景下诸多设计领域新的价值主张，立足创新思维；紧扣当今各设计学科的热点、难点和重点，构思缜密、完整，精选了很多与设计理论紧密相关的案例，可读性高，具有较强的指导作用和参考价值。

UI是用户界面的简称，UI设计属于工业产品设计的一个特殊形式，其具体设计主要针对软件，通过对软件涉及的人机交互、操作逻辑等多个内容加以分析，实现软件优质的应用价值。随着智能化电子产品的普及，带有液晶显示屏的产品将越来越多，也就意味着越来越多的设计需要 UI 设计。随着"UI 热"的到来，近几年国内很多手机、软件、网站、增值服务等行业的企业都设立了这个部门，还有很多专门从事 UI 设计的公司应运而生，UI 设计师的待遇和地位也逐渐上升。

在当今这个互联网和信息技术快速发展的时代，人们的生活经历着各种无法预想的变化。产品设计已经开始由物质设计向非物质设计转变，而且必将成为未来产品设计的主流，一个 UI 大时代即将到来。伴随着互联网长大的一代人正在成为社会的发展力量，他们特有的视角和思考问题的方式对 UI 设计与体验产生着不可估量的影响。

UI 设计需具备良好的实用功能。好的 UI 设计，可以让软件富有个性、彰显品位，同时也能让软件在使用的过程中充分体现舒适感和操作的简便，符合当代用户对自由时尚的追求，突显软件的准确定位及自身特点。UI 设计覆盖面广，并且涉及多种学科知识，因此对设计师提出了更高的技术要求，需要他们在掌握基本学科知识的基础上，拓宽知识面，应用综合知识和技能，满足用户高品质的设计需求。

本书紧扣时下热门的 UI 设计趋势，介绍 UI 设计概述、UI 设计中的用户认知、著名的 UI 设计准则、UI 设计中的视觉元素设计、网站的 UI 交互设计，以及移动端的 UI 交互设计六个方面的内容，旨在普及 UI 设计的相关前沿理念，全面阐述 UI 设计在网站及移动端两大主流设计领域的具体表现和所需掌握的专业技能。

本书图文并茂、简单易懂，采用理论与商业应用案例分析相结合的方式，使读者能够更轻松地理解和应用，培养读者在 UI 设计方面分析问题和解决问题的能力。

本书结构清晰、内容翔实，为广大读者详细解读了 UI 的设计理念与方法，是一本 UI 设计的导论级读物。通过学习这些宝贵的设计经验与设计方法，读者可以创造出触动人心的用户界面。

本书可作为 UI 设计师、平面设计师、用户体验专家、网页设计师等提高设计技能、开阔视野的读物；适合想要从事 UI 设计相关工作的读者学习使用；可作为高校及培训机构平面设计和网页设计等相关专业的教材或教辅。感兴趣的读者也可以轻松阅读本书，用来理解和接受 UI 设计知识。

受编著者水平及时间所限，本书中的案例及图片无法一一核实，如有不妥之处请联系出版社，再次印刷时改正，敬请广大读者及专家批评指正。

编著者

CATALOG 目录

第 3 章　著名的 UI 设计准则　51

第 4 章   UI 设计中的视觉元素设计   77

第1章

UI 设计概述

1.1 什么是 UI 设计

UI（User Interface，用户界面）设计属于新兴专业，虽然在很久之前就已经引起了人们的广泛关注，但是随着先进技术的发展，UI设计才开始趋向专业化与规范化。国内很多院校虽然没有独立设置 UI设计专业，但这一课程已逐渐受到院校的广泛认可。网络技术的普及使人们的日常生活发生了翻天覆地的变化，随着网络技术应用的日益频繁，网页界面的设计借助了多种设计技术，很多门户网站为了在激烈的市场竞争中占据一席之地，聘用了专业的 UI 设计师，如腾讯、新浪等大型门户网站。手机已成为人际交往的重要介质，其中关于页面的设计和相关软件的功能定位都离不开设计师们的精湛技术。

UI 设计是指对软件的人机交互、操作逻辑、界面美观度的整体设计，也叫用户界面设计。UI 设计分为实体 UI 设计和虚拟 UI 设计，互联网上所说的 UI 设计是指虚拟 UI 设计，通过对软件涉及的人机交互、操作逻辑等多个内容加以分析，实现软件优质的应用价值。由此看出，UI 设计需具备良好的实用功能。好的 UI 设计，可以让软件富有个性、彰显品位，同时也能让软件在使用的过程中充分体现出舒适感和操作的简便，符合当代用户对自由时尚的追求，突显软件的准确定位及自身特点。UI 设计覆盖面广，并且涉及多种学科知识，因此对设计师提出了更高的技术要求，需要他们在掌握基本学科知识的基础上，拓宽知识面，应用综合知识和技能，从而满足用户高品质的设计需求。

UI 设计主要包括以下三个方面：界面研究、人与界面及用户体验（见图 1.1-1）。

◎ 图 1.1-1　UI 设计的内容

1.1.1　界面研究

界面研究的实施者为美工，其是对软件的外形进行设计的"造型师"。从广义上讲，界面是人与机器进行交互的操作平台，是一种信息传递媒介。界面包括硬件界面与软件界面，在 UI 设计中接触到的是软件界面，可以运用 UI 设计技术对软件的人机交互、操作逻辑与界面美观度进行整体设计。

1.1.2　人与界面

目前，UI 设计师通常指图形界面设计师。他们的工作内容是分析软件的具体操作过程，同时研究树状结构及操作规范、标准等，并且对软件在接受编码之前进行 UI 设计，从而保证交互模型、交互规范的设定。

1.1.3 用户体验

产品在投入使用之前都会经过测试这一重要的流程环节。测试是为了保证产品的质量，确保产品在具体使用过程中不会产生其他问题。测试的过程虽然和编码无关，但是需要对 UI 设计的合理性、图形设计的美观性进行综合评价。测试主要是由焦点小组展开的，对目标用户进行问卷调查，让他们从客观角度评价其 UI 设计。用户测试的工作非常关键，UI 设计的评价标准就是设计师的设计理念和产品负责人的审美能力。

移动设备和移动网络带来了各种移动服务，消费者更多地依赖手机应用作为信息获取的渠道，手机 App 应用界面设计被提升到一个新的高度，成为人机交互技术的一个重要领域。通过对用户的调查发现，资深手机玩家数量迅速攀升，对应用的选择变得越来越有针对性，部分体验较差、运营不佳的应用将被淘汰。如今出现的一些新型交互技术和传感设备，语音、手势、局部识别、3D 交互等，突破了人与手机交互的基本障碍，丰富了手机软件界面形式的多样化，色彩更加丰富，速度更快，音质更好。通过对传感器的使用，手机应用更加侧重于用户的体验环境，从而在界面设计上做出改变。

1.2 UI 设计的发展过程

UI 属于"人机界面"研究的范畴，是计算机科学与认知心理学两大学科相结合，并吸收了语言学、人机工程学和社会学等研究成果

UI 设计大致经历了语言命令 UI、图形 UI、多媒体 UI、多通道 UI、虚拟现实人机界面 5 个发展阶段。

语言命令 UI 的代表应属 DOS 操作系统，是人机交互的初级阶段，用户通过界面输入基于字符的命令行与系统交互。

的产物，是计算机科学中最年轻的分支之一。UI 设计的研究从产生至今不足半个世纪，却经历了巨大的变化。UI 设计大致经历了语言命令 UI、图形 UI、多媒体 UI、多通道 UI、虚拟现实人机界面 5 个发展阶段（见图 1.2-1）。

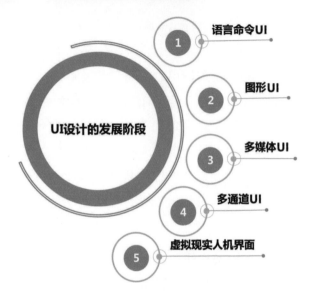

◎ 图 1.2-1　UI 设计的发展阶段

1.2.1　语言命令 UI

语言命令 UI 的代表应属 DOS 操作系统，是人机交互的初级阶段，用户通过界面输入基于字符的命令行与系统交互。这种手段显然是机器易于接收的方式，同时考验和训练界面操作者的记忆力及不厌其烦地重复操作的耐心，对初学者来说并不友好，且易出错。DOS 命令行及执行结果的示例如图 1.2-2 所示。

◎ 图 1.2-2　DOS 命令行及执行结果的示例

图形 UI 的特点：明显的图形表意特征，形象直观；通过鼠标或手指触摸操作，可降低操作的复杂度；允许多任务运行程序，系统响应速度快；人机交互友好。

1.2.2　图形 UI

图形 UI（Graphics User Interface，GUI）是当今 UI 设计的主流，广泛用于计算机和携带屏幕显示功能的各类电子设备，包括大量手持式移动设备。GUI 是建立在计算机图形学基础上，基于事件驱动（event-driven）的核心技术。图形 UI 具有明显的图形表意特征，形象直观；通过鼠标或手指触摸操作，可降低操作的复杂度；允许多任务运行程序，系统响应速度快；人机交互友好。在 GUI 技术中需要实现两个最基本的要求：一是直观性，采用现实世界的抽象（隐喻）进行界面的元素设计，所见即所得，免去了用户认知学习的过程；二是响应速度快，其直接影响到该应用是否被用户接受。在很多实际系统中，关于响应速度的问题往往是通过软件界面设计而非硬件方式解决的。利用 GUI 技术，用户可以很方便地通过桌面、窗口、菜单、图标、按钮等元素向计算机系统发送指令，这种无须用户记忆大量烦琐命令的操作方式，更符合用户的心理需求，使人机交互过程更自然。图形 UI 的示例如图 1.2-3 所示。

◎ 图 1.2-3　图形 UI 的示例

多媒体 UI 强调的是媒体表现，即过去只支持在静态媒体的 UI 中引入动画、音频、视频等动态媒体，极大地丰富了计算机表现信息的形式，提高了人对信息表现形式的选择、控制能力，增强了信息表现与人的逻辑、创造能力相结合，拓展了人的信息处理能力。

1.2.3 多媒体 UI

多媒体 UI 强调的是媒体表现，即过去只支持在静态媒体的 UI 中引入动画、音频、视频等动态媒体，极大地丰富了计算机表现信息的形式，提高了人对信息表现形式的选择、控制能力，增强了信息表现与人的逻辑、创造能力相结合，拓展了人的信息处理能力。显然，多媒体 UI 比单一媒体 UI 具有更强的吸引力，这在互联网上得到了极大体现，其更有利于人对信息的主动探索。多媒体 UI 虽然在信息输出方面变得丰富，但在信息输入方面仍使用常规的输入设备（键盘、鼠标和触摸屏），即输入是单通道的。随着多通道 UI 的兴起，人机交互过程将变得更加和谐与自然。多媒体 UI 的示例如图 1.2-4 所示。

◎ 图 1.2-4 多媒体 UI 的示例

1.2.4 多通道 UI

多通道交互（Multi-Modal Interaction，MMI）是近年来迅速发展起来的一种人机交互技术，它既适应了"以人为本"的自然交互准则，也推动了互联网时代信息产业（包括移动计算、移动通信、网络服务等）的快速发展。多通道涵盖了用户表达意图、执行动作或感

多通道交互通过手写输入、语音识别、视线跟踪、手势识别、表情识别、触觉感应、动作感应等技术，以并行、非精确的方式与计算机环境进行交互，从而大大提高了人机交互的自然性和高效性。

知反馈信息的各种沟通方法，如语言、眼神、脸部表情、唇动、手动、手势、头动、肢体姿势、触觉、嗅觉或味觉等，采用这种方式的计算机 UI 被称为"多通道 UI"。多通道交互通过手写输入、语音识别、视线跟踪、手势识别、表情识别、触觉感应、动作感应等技术，以并行、非精确的方式与计算机环境进行交互，从而大大提高了人机交互的自然性和高效性。可穿戴计算机体现了多通道技术的最新研究成果。在一些特殊环境中，如战场、突发事件处理现场、社会娱乐现场、新闻采访现场等，人们将微型计算机及相关设备像衣服一样戴在头上、穿在身上，即可实现诸如在任何物体表面显示屏幕并操作按键、在手掌上显示电话拨号键盘、在报纸上显示与文字相关的视频、在地图上显示实物场景等。多通道 UI 的示例如图 1.2-5 所示。

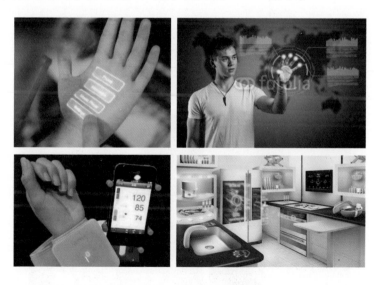

◎ 图 1.2-5　多通道 UI 的示例

1.2.5　虚拟现实人机界面

虚拟现实人机交互技术向用户提供了身临其境和多感觉通道的感官体验，作为一种新型人机交互形式，真正实现了图形 UI 的人性化。它能让用户置身于图像整体包围的暗示空间中，创造出一种强烈的临场感，使感觉上升为情感，使体验近乎真实。虚拟现实人机界面营造的是一种用户置身于图像世界的主观体验，是由计算机系统合成的人工世界，包括桌面虚拟现实（Desktop VR）、临境虚拟现实（Immersive VR）、真实环境与虚拟环境景象相结合的混合型虚拟现实、通过互联网实现的分布式虚拟现实（Distributed VR）等类型，构造出人们可以达到的合理的虚拟现实环境，如在场景展示中的航天员、飞机驾驶员、汽车驾驶员、轮船驾驶员等在虚拟现实环境训练舱中的训练，还能构造出人们不可能达到的夸张的虚拟现实环境和纯粹虚构的梦幻环境，如互联网上的 3D 游戏、科幻影片的场景等（见图1.2-6）。

◎ 图 1.2-6　虚拟现实人机界面的示例

神经科学通常被认为是继 VR/AR 之后的未来趋势，瑞士 VR 神经科学公司 MindMaze 正在探索如何更好地将神经科学融入 VR：除了尝试用脑电波控制 VR 头显（虚拟现实头戴式显示设备），还开发了能读取并模拟用户表情的 MASK 插件，甚至是通过"神经科学 +VR"来帮助中风病人、幻肢痛病人进行复健（见图 1.2-7）。MindMaze 公司利用医疗级技术创建了一个直观的人机接口，通过识别关键的神经特征实现无与伦比的响应性，将开启一个神经康复与游戏的全新时代。

◎ 图 1.2-7　MindMaze 通过跟踪大脑和肌肉活动来侦听相关的神经信号

第 2 章
UI 设计中的用户认知

2.1 UI 设计中的 5 个基本认知因素

认知是我们在进行日常活动时发生在头脑中的过程，涉及感知、视觉、注意、记忆、思维等众多活动，唐纳德·诺曼将这些不同的活动划分为两种模式：经验认知与思维认知。其中，经验认知是指有效、轻松地观察、操作、响应周围的事件，并要求达到一定的熟练程度，如驾驶、阅读等；思维认知涉及思考、决策、解决问题，是发明创造的来源，如写作、学习、设计等。两种模式在日常生活中缺一不可，相互影响，相互协作，共同为人类活动提供支持。如图 2.1-1 所示为 UI 设计中的 5 个基本认知因素。

◎ 图 2.1-1 UI 设计中的
5 个基本认知因素

2.1.1 感知因素

感知是我们对周围世界产生的最开始、最基本的认知，但这种感

感知是我们对周围世界产生的最开始、最基本的认知，但这种感知并不是对周围世界的真实描述，更大程度上来说是我们所期望感知的。

知并不是对周围世界的真实描述，更大程度上来说是我们所期望感知的，而我们的预期又受到过去、现在、将来的影响。其中，过去指我们所获得的经验，现在指当前所处的环境，将来指我们的目标，这三种因素交互地甚至共同地影响着我们对周围世界的感知。

如图 2.1-2 中的一串字母所示，由于语意及整体的影响，我们会很自然地将第二个字母认为是"H"，而将第五个字母认为是"A"，但

THE CHT

◎ 图 2.1-2　同样的字符因其周围字母的影响而被认成是"H"和"A"

如果将这两个字母单独列出来，就很难判断到底是"A"还是"H"了。

由此可知，我们的感知是主动而非被动的，我们移动眼睛、鼻子、嘴巴、耳朵、手去感知想要或希望感知的事物，感知受我们所获得的经验、当前所处环境及目标的影响，因此在进行 UI 设计时必须要确保信息易于察觉和识别。如图 2.1-3 所示为利用感知因素做交互设计时要注意的 3 个事项。

1　更加关注避免歧义，如计算机上经常将按钮与文本输入设置成看起来高于背景的部分，这其实是为了符合大多数用户习惯于光源在屏幕左上角的惯例

2　注重一致性，在一致的位置摆放相同功能的控件与信息，方便用户很快找到并使用它们

3　理解目标，用户去使用一个系统或应用程序总是有目标的，而设计者就需要了解用户的这些目标，并认识到不同的用户目标很有可能是不同的

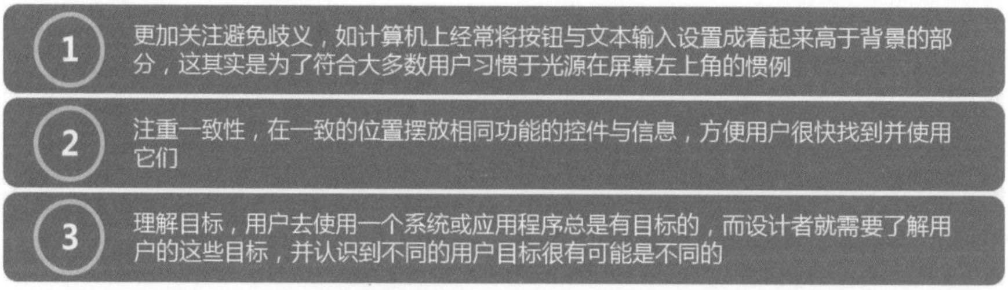

◎ 图 2.1-3　利用感知因素做交互设计时要注意的 3 个事项

2.1.2　视觉因素

视觉因素应该说是交互设计中最引人关注的一个点，因为一般而言，交互设计的好坏在很大程度上由视觉开始，并由视觉结束。在 20 世纪早期，一个由德国心理学家组成的研究小组就试图去解释人类视觉的工作原理。他们发现：人类的视觉是整体的，视觉系统自动对视觉输入构建结构，并在神经系统层面上感知形状、图形及物体，这就是非常著名的格式塔原理（后面章节会有详细阐述），为图形用户界面设计准则提供了有用的基础，2.1.1 节中的有些原理就是以格式塔原理为基础的。

当前许多出色的 UI 设计都是将格式塔的接近性、相似性、连续性、封闭性、对称性、图底、共同命运等原理综合起来使用的。

如图 2.1-4 所示为 Leodis 网站首页界面设计。这个网站的设计用到上述七个原理中的多个，使得整个网站看起来井然有序，内容丰富而不凌乱，漂亮的图片被置于简约的排版中，引人入胜，令网站真正与众不同的是它的配色，强烈的对比令网站的色彩不再"扁平"，这种错落令人着迷。

格式塔原理的运用很好地说明了视觉系统是如何被优化而感知结构的，感知结构使人们能够更快地了解物体和事物，而结构化的呈现方式更有利于人们理解和认知。很简单的一个例子：手

◎ 图 2.1-4　Leodis 网站首页界面设计

机在显示 11 位电话号码时是以 3-4-4 的形式呈现的，还有众多银行卡上的银行卡号，也都是以多个短数字串的形式呈现的，这种结构化的呈现形式提高了用户浏览数字串的能力。还有一种很有用的结构化方法——视觉层次，其将信息分段，显著标记每个信息段和字段，用层次结构来展示层次及其子段，使得上层的段能够比下层的段更重点地表示出来，如图 2.1-5 所示，使用黄金比例构建层次结构，既能使得布局有轻重，又显得足够协调。

◎ 图 2.1-5　使用黄金比例构建层次结构

利用视觉因素做交互设计时要注意的 4 点如图 2.1-6 所示。

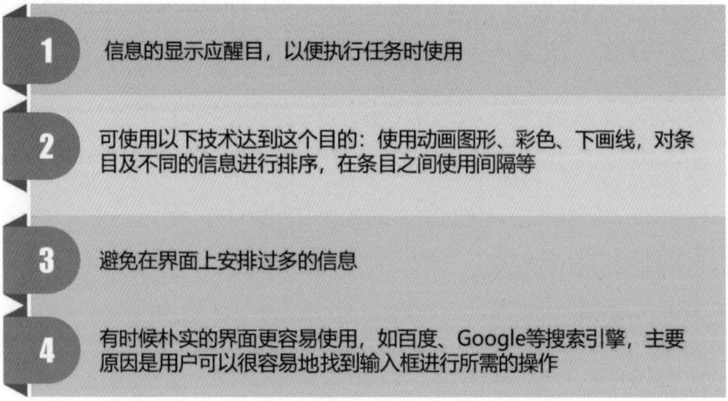

1　信息的显示应醒目，以便执行任务时使用

2　可使用以下技术达到这个目的：使用动画图形、彩色、下画线，对条目及不同的信息进行排序，在条目之间使用间隔等

3　避免在界面上安排过多的信息

4　有时候朴实的界面更容易使用，如百度、Google 等搜索引擎，主要原因是用户可以很容易地找到输入框进行所需的操作

◎ 图 2.1-6　利用视觉因素做交互设计时要注意的 4 点

2.1.3　注意因素

人的大脑有多个注意机制，其中一些是主动的，另一些是被动的，

而且非常有限，当人们为实现某个目标去执行某项任务时，大部分的注意力是放在目标及与任务相关的东西上的，很少注意执行任务时所使用的工具，但你将注意力放在工具上时就无法顾及任务的细节了。例如，你在割草时，割草机突然停止工作了，此时你会马上停下来将注意力集中到割草机上，因为重新启动割草机成了你的主要任务，你更多地关注割草机而较少地注意草地，当割草机重新工作时，你重新开始割草，但你多半忘记了你割草割到了什么地方，但草地会提示你。这就是大多数软件设计准则要求应用软件和网站不应唤醒用户对软件或网站本身的注意，而是应该隐入背景中，让用户专注于自己的目标的原因。

由于注意力的有限性，在实现某个目标时，只要有可能，特别是在有压力的情况下，我们更愿意采用熟悉的方式去实现目标，而不是探索新路。例如，你赶时间去赴约，你一般会选择熟悉的路径，而不是利用导航选择最近的路走。

对于交互设计来说，用户对这种熟悉和相对不用动脑的路径偏好说明利用注意因素做交互设计时要注意的 5 点，如图 2.1-7 所示。

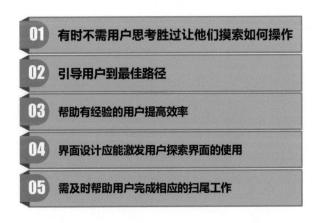

◎ 图 2.1-7　利用注意因素做交互设计时要注意的 5 点

2.1.4　记忆因素

人的记忆分为短期记忆和长期记忆，其中，短期记忆涵盖了信息被保存从几分之一秒至长达一分钟的情况，而长期记忆则包括几分钟、几小时、几天、几年甚至一辈子，这种将记忆分为短期记忆和长期记忆的区分也体现在计算机上，如中央处理器中的计数器就属于短期记忆存储，而像硬盘、优盘、光盘等外部存储设备属于长期记忆存储。当前在记忆和大脑方面的研究更是明确地表明：短期记忆和长期记忆是由同一个记忆系统实现的，这个系统与感知相联系，并且比之前理解的更加联系紧密。

与长期记忆的易产生错误、受情绪影响、追忆时可改变等特点相比，短期记忆的准确性更高。因为短期记忆其实是我们注意的焦点，即任何时刻我们意识中所专注的事物。现代将短期记忆视为注意当前焦点的表达更清楚：将注意转移到新的事物上就得将其从之前关注的事物上移开。而在进行人机交互的过程中更加注重的是人的短期记忆，因为短期记忆的容量和稳定性对人机交互设计影响重大，因此，在进行交互设计时必须要考虑用户短期记忆的容量和稳定性。

制定模式是一种常用的便于用户操作的方法，在带模式的 UI 设计中，允许一个设备具有比控件更多的功能，如在绘图程序中，单击和拖曳通常是在画面上选择一个或多个图形对象，但当软件处于"画方框"模式时，这两个动作变成在画面上添加方框并将它拉至希望的尺寸；由于容量限制，人类无法在短时间内记住大量信息，正如你问一个朋友去她家的路线时，她给了你一长串步骤，你多半不会费劲儿地记下，而是会拿笔记下，或者让朋友用短信或电子邮件发过来，等

思维是人们在头脑中对客观事物的概括和间接的反应过程。不同的思维方式同样会影响交互设计的用户体验，因此在做交互设计时，需要具体分析主要用户群的思维方式。

需要的时候再拿出来。类似地，在多步操作中应该允许用户在完成所有操作的过程中随时查阅使用说明，对于这一点，大多数系统会考虑到，但也有些系统做不到。

利用记忆因素做交互设计时要注意如图 2.1-8 所示的 3 点。

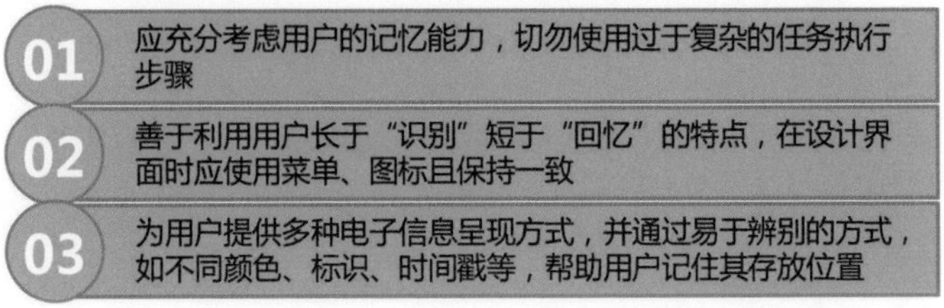

01	应充分考虑用户的记忆能力，切勿使用过于复杂的任务执行步骤
02	善于利用用户长于"识别"短于"回忆"的特点，在设计界面时应使用菜单、图标且保持一致
03	为用户提供多种电子信息呈现方式，并通过易于辨别的方式，如不同颜色、标识、时间戳等，帮助用户记住其存放位置

◎ 图 2.1-8　利用记忆因素做交互设计时要注意的 3 点

2.1.5　思维因素

思维是人们在头脑中对客观事物的概括和间接的反应过程。不同的人对同一事物有不同的思维方式，如对于情人节送花一事，一般女生会觉得很浪漫，可以增进彼此的感情；而大多数男生觉得很浪费，鲜花开不了几天就谢了，还不如买了吃的实惠。前者就是很明显的感性思维方式，而后者是典型的理性思维方式。

不同的思维方式同样会影响交互设计的用户体验，因此在做交互设计时，需要具体分析主要用户群的思维方式：对于偏感性思维的用户群，交互设计界面应该选择色彩鲜明的、多些互动、能够激发共鸣的成分；而对于偏理性思维的用户群，应注重内容的条理性，界面应尽量简单利索，如当前比较流行的扁平化设计。

记忆分为3种基本类型：感觉记忆、短期记忆和长期记忆。

利用思维因素做交互设计时要注意如图 2.1-9 所示的 3 点。

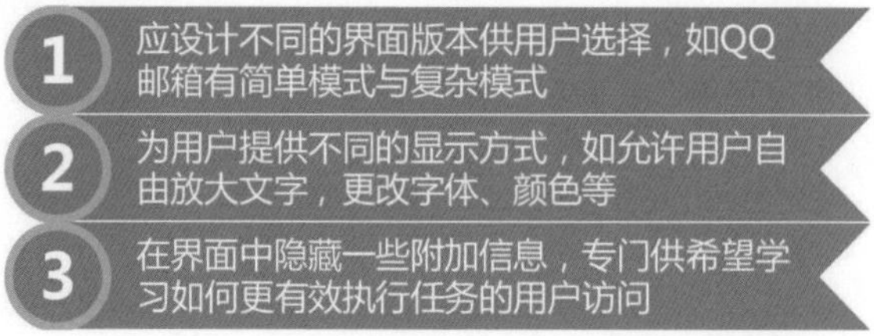
1
应设计不同的界面版本供用户选择，如QQ邮箱有简单模式与复杂模式
2
为用户提供不同的显示方式，如允许用户自由放大文字，更改字体、颜色等
3
在界面中隐藏一些附加信息，专门供希望学习如何更有效执行任务的用户访问

◎ 图 2.1-9　利用思维因素做交互设计时要注意的 3 点

2.2　记忆力

记忆是人类储存信息的“硬盘”，它可以收集信息、处理信息，并且可以对外界的刺激做出反应。人类可以在需要的时候去“硬盘”中调取信息，但是这个“硬盘”有一些瑕疵，它会受到人类机体和情感因素的影响。了解记忆的运行机制，可以帮助设计师创建出人性化的界面，减小了工作量，从而提升了产品的易用性。

2.2.1　记忆的基本类型

一般来说，心理学家将记忆分为 3 种基本类型：感觉记忆、短期记忆和长期记忆（见图 2.2-1）。

图 2.2-1 所述的这个记忆模型主要包括图 2.2-2 所示的 4 个重要过程。

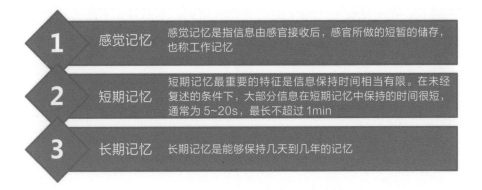

◎ 图 2.2-1　记忆的 3 种基本类型

◎ 图 2.2-2　记忆的模块模型 (Atkinson–Shiffrin, 1968)

1. 注意

感觉记忆通过"注意"进入短期记忆。正如前面所说的，感觉记忆如果没有受到注意，很快就消失了；而如果受到注意，则进入短期记忆阶段。

2. 复述

短期记忆的保留时间也很短，但是通过复述（重复背诵）可以使得信息在短期记忆中保持更长时间，并且可以存储到更加持久的长期记忆中。

3. 传递

短期记忆产生后会自动向长期记忆传递。在短期记忆中保留的时间越长，在长期记忆中留下的痕迹就越强烈。不断地重复能加强对长期记忆的保留。

4. 提取

长期记忆的提取和使用主要包括回忆和再认两种基本形式。回忆是指过去经历过的事物以形象或概念的形式在头脑中重新出现的过程。再认是指人们对感知过、思考过或体验过的事物再次呈现时仍能认识的心理过程。再认比回忆简单。

设计师在创建产品交互流程的时候，一定要将用户记忆因素考虑进去。用户对于产品的体验一旦转换成了长期记忆，就意味着用户在使用过程中会更加便捷、高效。比如，现如今人们的手机中最少安装了一家银行的 App（如建设银行）。如果你经常使用，则会对建设银行的界面流程十分熟悉。同样一个转账功能，你用建设银行所花费的时间比用另一家银行（不常用）短得多。

将信息转化为长期记忆的唯一方式是重复和联想。德国心理学家赫尔曼·艾宾浩斯（Hermann Ebbinghaus）的研究发现，多数人当下读的书，在 20 分钟之后只记得其中的 60%，到了第二天更是只记得其中的 30%。但之后遗忘的速度会趋缓，一个月后还能记得其中的 20%。可见，对"记忆"而言，第一天是记忆的关键时刻。研究发现，如果在阅读后的 9 小时之内对阅读的内容做一次复习，则可以有效提升长期记忆量。同理，用户第一次使用一款 App 的时候，需要花费时间去适应陌生的设计语言和界面风格。但是第二次乃至第三次使用的时候，用户就会越来越熟悉，减小了用户的记忆负担。重复（再认）让记忆变得简单。

例如，许多人在背诵英文单词 ambulance 时会使用谐音"俺不能死"来帮助自己记忆。这个就属于通过联想来将短期记忆转化成长期记忆。

2.2.2 记忆的特点与 UI 设计原则

人的记忆特点主要有 5 个（见图 2.2-3）。

1. 短期记忆是有限的

短期记忆与进行中的任务关系比较大，也称为工作记忆。短期记忆有利于我们正在进行的任务，对于阅读、计算十分重要。你肯定经历过一口气记住 13 位手机号码，并不断默

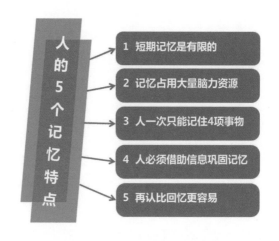

◎ 图 2.2-3　人的 5 个记忆特点

念这个号码来帮助记忆，但是打完电话后，完全不记得刚才的号码。又如 1+2=3，看到第二个数字的时候，需要记得第一个数字才能进行运算，对不对？这是我们平时习以为常且觉得理所应当的事情，但是正是因为有短期记忆的存在，才使我们进行阅读并理解上下文，进行数学计算、逻辑推导成为可能。

针对短期记忆的 3 个设计原则如图 2.2-4 所示。

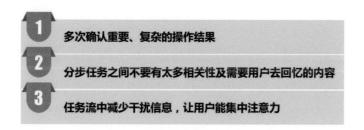

◎ 图 2.2-4　针对短期记忆的 3 个设计原则

图 2.2-5 所示为 Airbnb 网站设计。选择完筛选条件之后，回到

民宿列表，筛选功能入口处标记已选条件数量。

在选完入住日期后，用户会进入一个预览页面，可以再次确认选择的房间数量、入住时间及人数。

2. 记忆占用大量脑力资源

人每秒接收 400 亿个感官输入，一次可以注意到 40 个，但是对 40 个事物产生直觉不一定意味着对它们产生有意识的加工。思考、记忆、加工和表达需要大量的脑力资源。

针对该记忆特点的两个设计原则如图 2.2-6 所示。

◎ 图 2.2-5　Airbnb 网站设计

```
1  具象图标、颜色、形状等视觉元素有利于记忆

2  页面跳转的一致性、自然的过渡转场会减小用户的记忆负担
```

◎ 图 2.2-6　针对"记忆占用大量脑力资源"的两个设计原则

图 2.2-7 所示为 Facebook Event 网站界面。用颜色和 icon 区分不同时间的活动，帮助用户记忆，时间长了，用户可以凭直觉选择。

图 2.2-8 所示为 Tumblr 网站界面。单击关注某账号之后，账号的头像会跳到首页 Tab 里，指引用户以后会在首页中看到此账号的推送。

◎ 图2.2-7 Facebook Event 网站界面

◎ 图2.2-8 Tumblr 网站界面

3. 人一次只能记住 4 项事物

如果可以集中注意力,并且过程中不受外界干扰,那么人可以记住 3~4 项事物。为了改善这种不稳定的记忆,人们通常会将信息进行分组以加强记忆。如电话号码 1366-5230-725,将 11 位的手机号码分成 3 组,有利于长期保存在记忆中。当然能将展示给用户的信息限制在 4 条固然好,但是面对复杂的业务,也不必强求,可以用分组和归类的方法展示。

针对这个记忆特点的设计原则:利用分组将 4 变多。

4. 人必须借助信息巩固记忆

如果人们能把新信息和已有信息联系起来,就更容易强化新信息

针对"人必须
借助信息巩固记忆"
特点的设计原则：
保持控件使用的统
一。

针对"再认比回忆更容易"
特点的设计原则：全新的设计
语言和系统需要引导用户去适
应，如新手引导视频、页面、
新功能提示等。

或把它保存在长期记忆里，从而更好地记住和回忆这些信息。用户在
使用产品的过程中，会形成图式，图式会帮助用户快速理解整个产品
的功能和使用。

针对这个记忆特点的设计原则：保持控件使用的统一。比如，用
相同的控件处理反馈、页面跳转等。

5. 再认比回忆更容易

给你一个记忆测试，先记住列表中的单词(如钢笔、铅笔、墨水、尺、
回形针、订书机、计算机、USB、剪刀、书签、桌子、白板），然后
默写下来，这是回忆任务。如果让你再看这个列表或走进一间办公室，
说出东西在列表上出现过，这是再认任务。再认比回忆更容易。许多
界面设计规范和功能都经历了数年改善，以缓解与记忆相关的问题。

针对这个记忆特点的设计原则：全新的设计语言和系统需要引导
用户去适应，如新手引导视频、页面、新功能提示等。

例如，Instagram iOS 的重大改版有不同的声音，有的用户很爱，
有的用户吐槽，新的用户界面改变用户的习惯，从前的记忆都不见了，
需要在新的用户界面上重构自己的图式。幸好 Instagram 和 Apple
都有庞大的用户群，追逐最时尚、最新潮的设计也许是产品和用户都
需要的。

2.2.3　7 种利于记忆的方法

图 2.2-9 所示为 7 种利于记忆的方法。

1	不要让用户一次记忆太多事情
2	不要一次提供太多选择
3	使用易辨识的模式和图形来减轻记忆负荷
4	在导航中运用统一的标记
5	不要隐藏导航的关键信息
6	刺激多感官的记忆
7	情绪的记忆

◎ 图 2.2-9　7 种利于记忆的方法

◎ 图 2.2-10　通过建立视觉层级将用户的
注意力吸引到关键区域

1. 不要让用户一次记忆太多事情

不要让用户同时处理过多信息，这并不意味着在屏幕中只能放 5~9 个元素。因为在某些情况下，有些信息是必须展示的，没有办法删减。在这种情况下，可以通过建立视觉层级，将用户的注意力吸引到关键区域（见图 2.2-10）。

此外，在进行设计的时候，设计师应该时刻牢记注意力比例。因为用户的注意力是一个稀缺资源，过多的信息展示会稀释用户的注意力，用户会需要更长的时间来消化这些信息。此外，用户都有害怕损失的本能，每次做决策都是一个权衡利弊的过程，如果给用户过多的选项（内容），用户就会陷入纠结状态。我们要尽量给用户创造不需要思考的选择。

2. 不要一次提供太多选择

记忆是一种保护人类免受糟糕体验的机制。选项越多，他们就会想起越多相关联的事物，越容易分心——在这样的状态下不可能预知结果的好坏。另外，一次给出太多选项，其数量超出了工作记忆能处理的范畴，即超出了用户的承受范围。在电商平台中，这个因素尤其需要慎重考虑，应该找到一种平衡，给予用户所有必要信息，同时避免给出过多选择，如图2.2-11所示为PatPat App列表页面设计。找到这种协调是体验设计师的主要挑战。

3. 使用易辨识的模式和图形来减轻记忆负荷

人类是视觉动物，图形的作用不应该仅限于吸引用户的注意力，它更可以通知用户、整理内容。具象的插画和图形（图标）配合文案的使用更利于用户记忆，并且这种设计模式具有极强的普适性，因为图形和插画超越了语言、宗教和地域，可以被用户广泛接受。例如，我们看到放大镜图标就会联想到搜索，看到国旗图标就知道更换语言，在天气类应用中看到太阳就明白是晴天（见图2.2-12）。所有这些记忆都深深储存在我们的脑海中，只需要合适的联系物就可以唤起它们。

◎ 图 2.2-11　PatPat
App 列表页面设计

◎ 图 2.2-12　使用易辨识的模式
和图形来减轻记忆负荷

4. 在导航中运用统一的标记

页面跳转的一致性原则会对产品易用性产生极大的影响。用户在使用过程中，会在不同的页面之间来回切换。这意味着用户要处理的信息量是巨大的，所以设计师应该保障交互过程的一致性以降低用户的记忆负担。

如图 2.2-13 所示，在这个页面中，按钮的样式是圆角矩形，而在下一个页面里，按钮的样式变成了圆形。用户在浏览过程中可能会注意到这个小细节，并且会被困扰，这就打断了用户原有的操作流程。用户会将更多的注意力放在页面中不一致的元素上，而忽视那些相同的。我们期望用户在不同页面中关注的是不同内容，这是提升产品易用性的关键。因为页面转换中有不一致的元素而导致用户注意力的分散是设计师的失职。

◎ 图 2.2-13　页面转换中有不一致的元素而导致用户注意力的分散

5. 不要隐藏导航的关键信息

导航设计中，关于信息的隐藏和展示一直争论不休。为了回答这个问题，我们要清楚，用户页面设计的最终目的是让用户清楚地了解当前发生了什么（自己所处的位置、系统的当前状态）。如果导航中有汉堡菜单，意味着滑过这些元素时，一些内容就有可能被隐藏，所以在使用的时候，我们应该尽可能慎重。在大多数情况下，特别是目标用户群不明确，且层级比较复杂的功能，隐藏其导航元素（接口）

不是一个明智的选择。用户需要花更多时间去寻找并记住它们的位置，这样会降低用户的参与度（见图 2.2-14）。

◎ 图 2.2-14　不要隐藏导航的关键信息

当然，是否隐藏导航元素并没有一个定论（见图 2.2-15），有的用户赞成，因为节省了屏幕空间，整个界面看起来清爽了许多；有的用户反对，因为他们要花额外时间去寻找那些功能的入口。

◎ 图 2.2-15　是否隐藏导航元素并没有一个定论

目前一个折衷的方法是根据功能的优先级，展示重要的功能，而一些次要的功能可以隐藏起来。

6. 刺激多感官的记忆

对于信息读取的第一阶段就是感官记忆。就像使用一款 App，初次体验就是感官记忆。感官记忆来自视觉、听觉、触觉。为了给用户留下一个深刻的印象，设计师应该寻求将产品给用户带来的感官记忆转化成短期记忆乃至长期记忆的方法。那么应该怎么做呢？设计始于视觉，但是不仅限于视觉。设计师不能只想着做一个华丽好看的页面来留住用户，更应该通过刺激用户的多个感官来给用户留下好的印象。

图 2.2-16 所示为带有文案的 icon（一种图标格式，用于系统图标、软件图标等）通过视觉和语言记忆提升了易用性。一些交互配以声响更容易给用户留下印象，如按键音、任务完成音等。美食类 App 配以令人垂涎欲滴的食品图片，加上微动效，很能激发用户的食欲。

◎ 图 2.2-16　带有文案的 icon 通过视觉和语言记忆提升了易用性

7. 情绪的记忆

交互中情感反馈是能否留住用户的关键。糟糕的用户体验会促使用户忘记，并且产生消极情绪，大脑从保护机体的角度会对产品发出拒绝指令。反之，好的用户体验可以给用户带来激昂的情绪，更能留住用户。一个风格活泼的下拉加载动画可以带来愉快的用户体验（见图 2.2-17）。

◎ 图 2.2-17　一个风格活泼的下拉加载动画过程截图

2.3　注意力

2.3.1　尴尬的注意力

大家回忆一下，每天清晨有哪些内容吸引你的注意力呢？了解时间、看一下微信未读消息、早报新闻等。到了公司食堂，周围有多少人一边吃东西一边盯着手机屏幕？在去工位的路上，又有多少人低头玩着手机走路？这还没完，到了工位上，打开计算机，接收邮件，查看工作事项；打开网站阅读一些学习内容；打开网易云音乐挑选一首歌，选着选着看到群聊里一条新鲜轶事……腾讯新闻弹出来，忍不住又点开阅读。

没错，这是我们的日常生活，总是忍不住把自己置于一个同时处理超多个事项的情形下。的确，这并不单纯是人的问题，还有产品、服务的问题。注意力是当下时代最宝贵的资源，而产品一直在争抢所谓的时间，也只是注意力的一部分而已。在信息大爆炸甚至工业革命之前，人类的大部分历史中，知识、信息都是很宝贵的资源，只有很少部分人能够阅读、能够获取一定的信息。但在信息大爆炸的今天，我们可以轻易获得大部分想了解的或不想了解的信息，只需要动动手指、只需要睁开眼睛。

我们获得了大量的信息，但我们的信息处理能力并没有发生什么变化，我们现在处理信息的总量和几百年前的人类并没有什么区别。因此，几百年后的今天，信息资源已经不是限制因素了，注意力才是。用有限的注意力，去获取无限的信息，结果显而易见。你在浏览文章的时候是没有办法看动漫的，当然你在作图时也无法浏览新闻。

几年前，《时代》周刊的一篇题为"你现在的注意力持续时间比金鱼还短"的文章使我们对自己的认知能力丧失了自信。微软公司

的一项研究发现：我们的注意力持续时间从 2000 年的 12s 下降到了
2015 年的 8s，低于金鱼 9s 的注意力持续时间（见图 2.3-1）。

◎ 图 2.3-1　研究表明人类的注意力持续时间低于金鱼

　　我们是否应该接受这些令人沮丧的数据并面对这样的事实：我们
必须好好生活，并在有限的生命里尽最大努力专注于一件事？针对用
户注意力的研究很多，许多专家怀疑我们的注意力持续时间正在缩短，
也有许多人认为我们的注意力持续时间并非在缩短，而是关注的方式
发生了变化。有人会说，由于移动互联网时代的到来，我们的多任务
处理能力得到了提高。另一些人则坚决反对这一观点，认为多任务处
理这种事根本不存在。我们可以在不同领域间来回切换注意力，但我
们不能有目的地且积极地同时关注多个事物，并处理这些信息。那些
说我们的注意力没有缩短的人认为，我们只是对技术进步和过度刺激
的环境做出了反应。我们通过进化和发展可以更好地完成"选择性注
意"这一目标，学会更好地处理事物并更快速地转移注意力。

　　另一个重要论点是针对吸引人但不准确的"金鱼案例"。该论点
认为注意力持续时间在很大程度上取决于个人特征，但更取决于环境。
一个产品的目标用户有可能同时具有两个极端。有些人想要简短的内

容，通常几秒时间获取完毕就离开。另一些人则需要获取大量，且来源可靠的统计数据以提供详细真实的信息。大多数人介于两者之间，只有持续的研究才能表明：用户在使用环境中是如何与产品互动的。

匈牙利演讲平台 Prezi 发布的《2018 年注意力状态报告》显示：对于所有人来说，内容有吸引力的关键在于提供令人信服的叙述和刺激生动的视觉效果。参与调查的人报告说：尽管周围有很多干扰，但随着时间的推移，他们的注意力有所集中。另一项重要发现涉及多任务处理及设备使用："52% 的响应者承认，将注意力分散到两个或两个以上的内容上会导致他们的注意力不集中，需要反复看、读或听某些东西。"

此外，我们还需要不断提高自己的专注能力，以便记住信息并快速、有效地完成工作。在超过 2000 名受访者中，49% 的人表示他们对自己所消费的内容越来越挑剔。除了总数之外，不同年代人的差别也很明显。婴儿潮一代（1946—1964 年出生的人）、X 一代（20 世纪 60 年代中期至 70 年代末的一代人）和千禧一代（1982—2000 年出生的人）在某些情况下必须并肩工作，当涉及注意力时，他们会展现出明显的差异。研究表明，相比婴儿潮一代和 X 一代，千禧一代通常会转移注意力，一心多用，注意力不集中的情况更多。然而，他们也主观地认为，他们可以更有效且长久地集中注意力。也就是说，我们应当重视研究不同时代人不同的关注点。比如，千禧一代期待并享受一个伟大的故事或主题，以及生动的视觉效果。

1/3 的受访者表示，他们只会对精彩的故事和内容感兴趣。当涉及信息处理时，我们的大脑中会发生很多事情，直到我们真正理解了呈现给我们的信息。工作记忆在我们能处理什么和我们能操纵的信息量方面起着很大的作用。但在此之前，我们需要将注意力转移到刺激上，以便于感知一些信息——无论是听觉、视觉还是嗅觉。

综上所述，注意力与短期记忆和工作记忆密切相关。处理信息的能力使我们在把注意力集中到某件事情上的同时，也将这些信息单位保存在我们的工作记忆中（见图 2.3-2）。

许多研究人员开始测量和了解人类的信息处理能力，以了解人类的神经系统如何传递和解码信息。令人震惊的是，他们发现：尽管每秒有 1100 万比特的信息通过感官系统，但

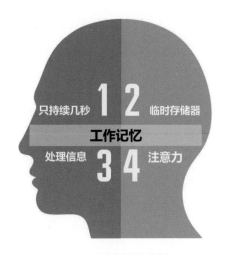

◎ 图 2.3-2　注意力与短期记忆和工作记忆密切相关

我们在执行阅读或弹钢琴等有意识的活动时，我们能处理的信息少之又少。传输的信息和处理的信息之间的巨大差异并不意味着 99% 以上的信息就这样丢失了，这涉及强大的压缩。大脑是如何工作的？我们怎么能在这么短的时间内压缩这些信息呢？

首先请注意，我们不必有意识地处理信息并进行压缩。这是无意识的、自动发生的。其次，在处理和压缩之间出现 0.5 秒的延迟，多亏了我们一千亿个脑细胞之间的大量联系，这就给了我们足够的时间来实现这种强大的压缩，很神奇吧？我们花了太多时间在网上，以至于开始安全地假设，我们已经开发出了新方法和技术来过滤掉不相关的东西。我们每天面对无数的营销信息，个性化的广告不停地瞄准我们，新鲜的信息每一秒都在轰炸我们。

在你所接触到的所有信息中有一些有趣的内容，但是你错过了它，因为它当时无法引起你的注意。或者你当时没有时间阅读那篇文章，当你下次想打开它时，页面已经刷新了，你可能会找不到那篇你现在

感兴趣但当时忽略了的文章，因为你被当时更感兴趣的内容转移了注意力。也就是说，我们确实有一种天生的能力，可以忽略一些有意思或重要的信息，专注于我们当时认为重要的事情。著名的心理现象"鸡尾酒会效应"表明了这一观点。

通常情况下，人们在聚会上会自动屏蔽背景音并将其视为杂音，以便集中注意力在他们的谈话对象身上。但是，如果他们愿意，他们可以偷听别人的谈话。那时候，他们也会自动屏蔽掉他们谈话对象的声音。这证明了人类的注意力只能专注于一点且无法分散，至少在理解语言方面如此。你可以模糊地意识到背景音乐的播放或周围大概有多少人，但仍然只能是感知到并非专注于。

因此，你精心地设计了移动应用或网站的用户体验。你不想加重用户负担或过度刺激用户。你的商业模式甚至不需要广告。流畅的使用流程，干净、简单、扁平的设计风格，一切都表明用户可以轻松、有效地完成任务。

遗憾的是，那并不简单，尽管我们在屏幕上放了各种功能，但并不意味着用户会注意到并使用这些功能。与阅读一样，即使我们将注意力集中在少量空间上，每个字母只有两位信息，我们也无法在几秒内处理、注意和解释该页面上的所有文字内容。我们通常不会处理屏幕上超出注意力范围的区域和功能信息（见图2.3-3）。

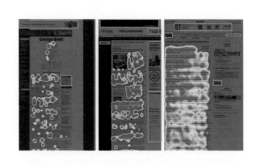

◎ 图2.3-3　眼动测试可以看出越往边缘和下方的区域用户关注越少

我想每天都有这样的例子：大多数时候，我们面临的挑战是找到有限的和有价值的注意力。有时谈话、视

觉暗示和信息都会过度刺激我们。在这种情况下，我们要学会避开很
多事情，做一些有意义的事情，并自动完成一些重复性任务。

有些事情可以同时进行并配合得很好，比如，我可以在阅读或工
作时听音乐或在烹饪时看连续剧。然而，我不能一边在平板电脑上查
看食谱，一边用胡萝卜做一些精密的操作。

所以说，两个认知负荷都很大的有意识的过程是无法同时进行的。
从本质上说，你不能同时处理两个注意力要求都很高的任务。

2.3.2　注意力经济时代

1997 年，美国著名学者 Michael H. Goldhaber（迈克尔·戈德
海）写道，"全球经济正在从物质经济转向基于人类注意力的经济"。
许多服务都是免费提供的，而用户为服务需要花费的货币就是注意力。
用户不用付费，只需要支付注意力。

哈佛大学化学与化学生物学系教授 David C. Evans（大卫·埃
文斯）在他的著作中说，"数字创新必须经受住关注、感知、记忆、
性情、动机和社会影响的心理瓶颈，如果它们要扩散"。

注意力经济的最初概念竟然从 1997 年就被提出，这让人相当震
惊，在二十多年前，企业就开始低效地使用用户注意力来变现，国内
是什么时候开始的呢，答案应该是从争抢用户使用时长的竞争策略开
始的，占领用户的时间就等于占领用户的注意力。

我们已经沉溺于争抢注意力策略这个泥沼中，从各种花费大量时
间的游戏，如王者荣耀，到风靡至今的各类直播平台，再到时下流行

的短视频，我们在不停地花费时间，注意力被无意识地"窃取"。用户不需要花费一分钱也可以正常娱乐，而你的参与、你的注意力的参与在帮助企业不断挣钱。如果你还不清楚自己是如何被争抢乃至窃取注意力的，你可以回忆一下你每天接收到的各种推送信息，除了各类应用的推送，还有短信、电话、邮件等。推送提醒你关注的主播上线了，提醒你最新的内容新闻，提醒你一切可以诱惑你的信息。购房后销售人员信誓旦旦地说不会泄露业主信息，但在交房前一年业主就会接到各种装修家居的短信和电话。淘宝购物后不出一周就会收到各种五星好评的消息请求。这是另一种层面的窃取用户注意力了。

如果给你推送的是你想要的内容你是应该开心还是担忧呢。你有时肯定也会想，关于你的信息是不是已经被泄露得到处都是。当然并不都是恶意泄露，随着技术进步我们有了大数据技术，但精准推荐虽好，用户隐私是否也应该划入考虑范围？事实上我们已经参与到了这场争夺用户注意力的战争中，当作为设计支持人员为商业目标而进行设计时，我们已经在争抢用户注意力。虽然存在用户注意力被过度经济化的问题，但这是行业现状，也不是个人能够解决的，它已经上升到 wicked problem（价值观在本质上有争议的问题）的层面。

2.3.3　针对注意力的 UI 设计

回归正题，人类的注意力有限，我们无法同时做很多事情，然而很多时候，我们却在同时做很多事情，因为一次性完成多个任务，对于我们有着很强的吸引力，而结果往往是错误百出或是效率更低。

在《简约至上：交互式设计四策略》一书中专门提到了分心对用户的影响，有时候，分心不是用户自发的，而是来自产品的错误引导。产品界面中过多干扰元素或诱导元素导致用户经常转移注意力，这些东西让原本简单的任务变得异常复杂，比如，在阅读时，文内链接，文章左、右两侧的广告、弹窗以各种形式挑战你的注意力，瞥一眼你就会浪费几秒，没忍住点进去则会浪费更多时间——我是谁？我在哪？我在干什么？我只是想阅读一篇文章而已，为什么现在却在逛淘宝。

各种设备也在不断地使我们分心，不仅限于屏幕，还包括听觉、触觉，如手机的语音提醒、振动。持续的打断甚至会使人们上瘾，感觉下一条消息很重要，我必须看一下，于是你又拿起手机解锁然后打开微信，肯定又是各种新闻。不停的打断会影响我们的正常任务，可能是学习也可能是工作。最终我们可能需要花费更多的时间来完成计划事项，而完成的质量堪忧。

UI 设计如何能够吸引用户的注意力，以及留住用户的注意力？用户能真正专注并关注产品吗？这取决于具体情况下所需的关注类型。

1. 持续关注

让我们考虑一下用户在快餐店下订单的自动售货场景，想象一下自己处于这种情况，这个繁忙的地方有很多噪声和其他干扰。同时，还要考虑到社交方面的问题，有人排在你后面，你想吃，他们也想吃。如果你没有目标，失去焦点，在页面上四处闲逛并花费很多时间，他们可能会生气。

大多数人在这种情况下都会避免冲突，所以他们可能不会在下订单时拿出手机查看 Ins 上的动态。这些自助服务终端机的界面设计，有目的地使流程简单、直接和快速。他们不会分散用户的注意力，也没有不必要的信息、注册和弹窗等。

2. 分开注意力

现在让我们探讨另一个极端场景。想象一下你正在使用导航应用程序。在这种情况下，你关注的焦点可能决定生死。你不能总是盯着屏幕，而你的注意力需要停留在路上。因为你无法查看屏幕，所以请注意导航告诉你的内容。它甚至可能会提示你快速查看屏幕，并仔细检查你是否走了正确的出口，同时要仍然关注驾驶的技术细节：打开指示灯、将方向盘稍微向左转并切换到较低挡位。

但是这时你可能已经走神了……是不是突然弹出一条消息？或者你还记得你要检查的东西吗？你是不是闻了闻刚煮好的咖啡就走开了……在开车导航的情况下出现这种开小差很危险，这不是耸人听闻，我们或多或少都看到过类似的车祸新闻。

作为 UX 设计师的 Cyd Harrell 曾说，"我们所服务的互联网企业不断争抢用户注意力，都期望用户停留更多时间为企业创造更大价值，却忽略了尊重用户的时间、尊严和能力"。这是我很赞同的一个总的设计原则，即尊重用户的时间、尊严和能力。如果有人问，有没有一个全世界通用的大家都认可的设计价值？ 我想那就是尊重用户，正如上述提到的 "wicked problem"。因此，作为企业设计师，一方面我们必须要了解如何争抢用户注意力，这和企业的盈利挂钩。这也是目前大部分设计师正在做的事情。另一方面，我们应该利用设计思维探索其他可能，即 "戒瘾" 的可能性。兼顾商业价值和体验，最终在保证收益的情况下避免过度争抢用户注意力。

很多时候，设计师都无意识地参与到了争抢用户注意力的战争中，从近些年的设计主题由视觉到体验再到商业，我们可以看出其实设计师仍然处于纯粹为企业服务的状态，互联网设计围绕着企业机器运转，忽略用户价值，也忽略用户注意力承载度，最终导致广告盲及各种成瘾现象。从社会价值角度讲，用户应该把更多时间投入到工作、学习与生活中，而不是在无意义的各种推广和猎奇信息中沉溺迷失。

借用 Cyd Harrell 的话，如果不能够让一些企业采取这样的价值观，并将它们运用在产品中，而仅在设计领域传播这种价值观是没有任何意义的。相信有很多体验设计领域的设计师都在努力帮助企业做出正确的选择，去尊重用户价值。庆幸的是，从王者荣耀的防沉迷策略，到抖音的青年保护计划，我们能看到一些企业对于这些产品衍生问题进行的方案探索。例如，为了抓住用户的注意力，Facebook 推出了不少新功能或默默改进了产品的逻辑。

Facebook 近年来常常收到用户这样的反馈：有时候重要的事件会被其他内容挤出自己的视野，而这些其他内容往往是被动接收的，包括照片和视频。因此，2018 年，Facebook 以"从消费到连接"为主题进行优化信息流算法、转移拓展的重点，希望通过新闻信息流建立更多人与人之间的互动。Facebook 坚守人们优先使用其的原因是"和家人朋友联系"的立命之本，在新闻信息流体验中遵循这个核心价值进行了如图 2.3-4 所示的 4 个方面改进。

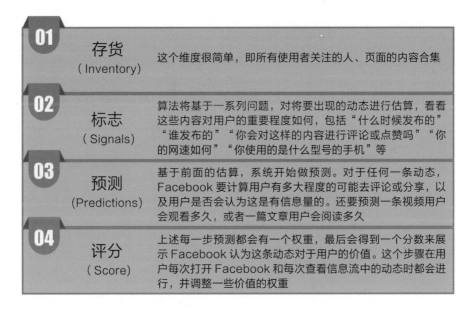

01	存货 （Inventory）	这个维度很简单，即所有使用者关注的人、页面的内容合集
02	标志 （Signals）	算法将基于一系列问题，对将要出现的动态进行估算，看看这些内容对用户的重要程度如何，包括"什么时候发布的""谁发布的""你会对这样的内容进行评论或点赞吗""你的网速如何""你使用的是什么型号的手机"等
03	预测 （Predictions）	基于前面的估算，系统开始做预测。对于任何一条动态，Facebook 要计算用户有多大程度的可能去评论或分享，以及用户是否会认为这是有信息量的。还要预测一条视频用户会观看多久，或者一篇文章用户会阅读多久
04	评分 （Score）	上述每一步预测都会有一个权重，最后会得到一个分数来展示 Facebook 认为这条动态对于用户的价值。这个步骤在用户每次打开 Facebook 和每次查看信息流中的动态时都会进行，并调整一些价值的权重

◎ 图 2.3-4　Facebook 在新闻信息流体验中的改进

通过图 2.3-4 所示的四步，实现了下面一些改进：

（1）新页面"回忆（Memories）"功能（见图 2.3-5）。这个功能算是对 Facebook "这一天（On This Day）" 功能的延展，使用者在这里可以看到好几年前同家人、朋友分享的动态，而以前只能看到历史上今天的内容。

（2）"这一天交的朋友"功能（见图 2.3-6）。顾名思义，在这个版块里，用户能看到历史上的今天交了哪些新朋友，Facebook 会自动生成一些特别的视频和拼贴画来庆祝这个"朋友纪念日"。

（3）"你可能错过的回忆"功能（见图 2.3-7）。针对不经常登录的用户，在其主页的信息流里会出现该栏目，示意用

◎ 图 2.3-5　新页面"回忆"功能

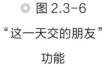

◎ 图 2.3-6
"这一天交的朋友"
功能

◎ 图 2.3-7
"你可能错过的回忆"
功能

户进行分享。"回忆合辑"则是总结整理了月度或季度内容，打包成短视频或适合分享的信息形式推送给用户。这些功能都旨在鼓励用户多在社交网络上分享。

"回忆" 功能还是体现出 Facebook 想要努力获得用户的 "优质时间"，即哪怕会损失一些网页上的使用时间，但可以增加与 Facebook 高质量的互动内容。增设 "回忆" 功能的原因还在于对内容的控制，用户可以自行调整想要看到的内容，毕竟不是所有的回忆都那么美好。

2.4　响应时限

2.4.1　响应度的定义

事件发生需要时间，感知物体和事件也需要时间，记住感知到的事件也需要时间，思考过去和将来的事件也需要时间，从事件中学习、执行计划和对感受到的及记忆中的事件做出反应都需要时间。

响应度与性能相关，但又不一样。性能是以单位时间里的计算次数来衡量的，响应度则以服从用户在时间上的要求及前面提到的用户满意度来衡量。

高响应度的交互系统并不一定是高性能的。你打电话给某个人咨询某个问题，他可以很快响应，或许无法立刻回答你的问题，但能先记录你的问题并承诺迟些电话回复。如果他能告诉你何时会答复，那响应度就更好了。

高响应度的系统即使无法立刻完成用户的请求，也能让用户了解状况。它们对用户的操作和执行情况提供反馈，并且根据人类感觉、运动和认知的时长来安排反馈的优先顺序。具体地说，它们具有如图2.4-1 所示的 6 个共同点。

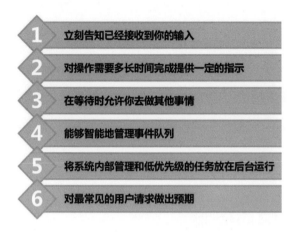

◎ 图 2.4-1　高响应度系统的 6 个共同点

响应度糟糕的系统无法达到人们对时间的要求，无法与用户保持一致。如果不能对用户操作做出即时反馈，那么用户就不能确定他们做了什么或系统在做什么。用户在无法预期的时间里等待，还不知道需要等多久，用户的工作空间也被严重限制。如图 2.4-2 所示是 5 个响应度糟糕的具体表现。

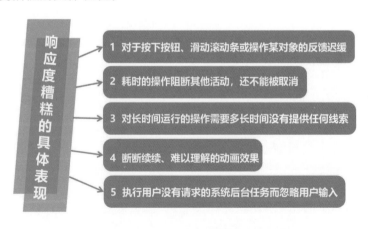

◎ 图 2.4-2　5 个响应度糟糕的具体表现

> 真正的响应式设计方法不是根据视口大小改变网页布局，恰恰相反，它是从整体上颠覆我们当前设计网页的方法。

这些问题降低了用户的工作效率，让用户觉得讨厌和抓狂。不过，虽然所有研究都表明响应度对用户满意度和工作效率来说非常关键，但是当今许多交互系统的响应度依然非常糟糕。

2.4.2 响应式网页设计

Ethan Marcotte 在 A List Apart 发表了一篇开创性的文章，将 3 种已有的开发技巧（弹性网格布局、弹性图片、媒体和媒体查询）整合起来，并命名为响应式网页设计。

真正的响应式设计方法不是根据视口大小改变网页布局，恰恰相反，它是从整体上颠覆我们当前设计网页的方法。从前我们针对计算机进行固定宽度设计，然后将其缩小并针对小屏幕进行内容重排；而现在，我们采用的方式是先针对小屏幕进行设计，进而逐步增强针对大屏幕的设计与内容。

图 2.4-3 所示为某品牌生鲜网站的界面设计。尽管这个色调现在看起来灰蒙蒙的，网格式风格的网页看起来有点单调无趣，但是，因为其高档的布局，这个网页在发布时还是引起了一定程度的热议。

◎ 图 2.4-3　某品牌生鲜网站的界面设计

再 如 图 2.4-4 所 示，Stephen Caver 是一个一流的响应式网站。其包括一个巨大印刷字体的欢迎消息、网站顶部一个巨大的区域放置菜单、博客的规则布局。

◎ 图 2.4-4　Stephen Caver
响应式网站

每个网站都包含这 3 个基本方面，但这个网站的设计师给了我们一个对于网格式标记和博文根据设备的屏幕尺寸排版的正确示例。

如 图 2.4-5 所 示，响应式设计对于高质量促销网站来说是一个重要功能，能够使网站更受消费者青睐。IIIy

◎ 图 2.4-5　Illy Issimo 网站设计

Issimo 就很巧妙地运用了这个特点，打造出一个灵活的界面：为客户提供舒适的体验效果、扩大受众面、吸引使用其他设备的潜在用户。因此，网页上方放置了一个醒目的广告图。

2.5　视觉边界

2.5.1　位于视觉边界的错误信息

人的视网膜上中央区域的视锥细胞非常集中，比中央区域之外的部分要多得多，通常将这个区域称为中央凹。视锥细胞是分辨颜色的主要细胞。因此，实际上只有聚焦区域的物体才能够被真真正正地看

清楚，而边界视野的分辨率和
透过覆满水雾的浴室玻璃看东
西一样，但经过大脑的整合填
补，使人产生能够看清楚周围
所有事物的错觉，也就是说，
无论你把眼睛聚焦于什么地
方，你真正能够看到的地方也
只有那里（见图 2.5-1）。

◎ 图 2.5-1　边界视野的分辨率和透过
覆满水雾的浴室玻璃看东西一样

视网膜的边界更多的是视
杆细胞，这类细胞能够感光，但是不能感色。一般来说，只有在夜晚
的时候才会发挥作用，边界视觉的作用如图 2.5-2 所示。

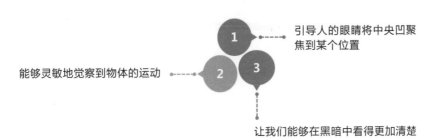

◎ 图 2.5-2　视觉边界的作用

在 UI 设计上，有一些界面
中的错误信息的放置位置违反
了人眼的生理结构，常常将那
些重要的错误提示信息放到用
户当前的视觉边界的位置上（一
般来说距离视觉焦点 1~2cm，
人的视觉就会严重下降），导
致用户根本注意不到。如图
2.5-3 所示的注册网页，填写

◎ 图 2.5-3　重要的错误提示信息放
到了用户当前的视觉边界位置

完用户名和密码后，用户的视觉焦点位于登录按钮区域附近。输入的信息有误，错误提示却出现在 2cm 之外的视觉边界的位置上，用户根本注意不到，单击登录按钮之后没有任何响应，用户就会感到莫名其妙。

再如图 2.5-4 所示，用户也可能注意不到错误信息。

原因有两个：一是错误信息位于视觉边界区域；二是和错误信息非常接近的标题也是红色的，用户的视觉边界看到的图像大致如图 2.5-5 所示。

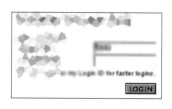

◎ 图 2.5-4

用户注意不到错误信息

◎ 图 2.5-5

用户的视觉边界看到的图像

关于上述问题的改进方法有很多，下面介绍几种常见的方法：

（1）明确标注错误，并放在用户的中央凹区域附近；

（2）在提交之前就动态地实时提示错误信息，而不是将错误提示全部放在提交之后，如图 2.5-6 所示。

◎ 图 2.5-6　两种改进视觉边界问题的方法

让用户注意到信息的 3 个方法：
（1）使用弹出式对话框提示；
（2）使用声音或振动加以配合；
（3）闪烁或短暂的晃动。

2.5.2　让用户注意到信息的方法

图 2.5-7 所示的 3 种方法是强制引起用户注意的做法，但是请记住，除非某些提示信息真的对用户非常重要，否则请谨慎使用。

◎ 图 2.5-7　让用户注意到信息的 3 个方法

（1）使用弹出式对话框提示。

比如，Excel 和 InDesign 在需要用户确认数据将会永久丢失的时候，就使用了模态弹出窗口（见图 2.5-8 ）。

◎ 图 2.5-8　使用弹出式对话框提示

（2）使用声音或振动加以配合。

（3）闪烁或短暂的晃动（见图 2.5-9 ）。

◎ 图 2.5-9　闪烁或短暂的晃动

2.5.3　在设计中利用边界视野的"跳入"特性

当我们在利用视觉进行搜索的时候，一般来说，搜索的过程是现形的过程，比如，在如图 2.5-10 所示的字母中找到所有的 Z，寻找所花费的时间将会随着字母数目的增多而增加。

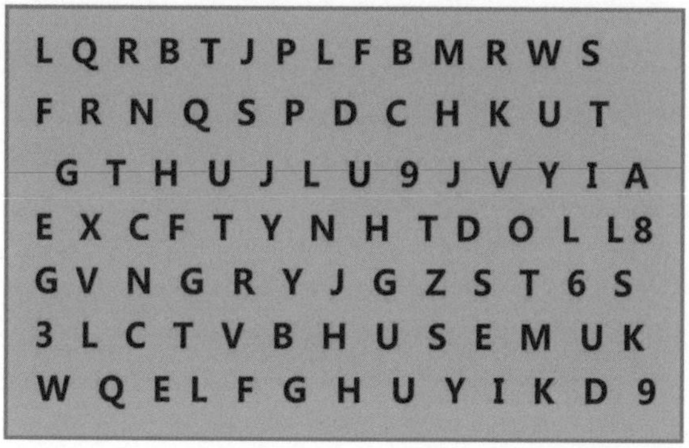

◎ 图 2.5-10　寻找"Z"所花费的时间将会随着字母数目的增多而增加

但是视觉边界的一个重要功能就是引导中央凹快速地移动到目标位置，前提是，目标物体和其他物体有足够大的差异，仅仅通过视觉边界的模糊视觉感知能力就能够感知到。比如，从图 2.5-11 中找出字母 G，这时就会产生"跳入"现象，帮助用户迅速定位。

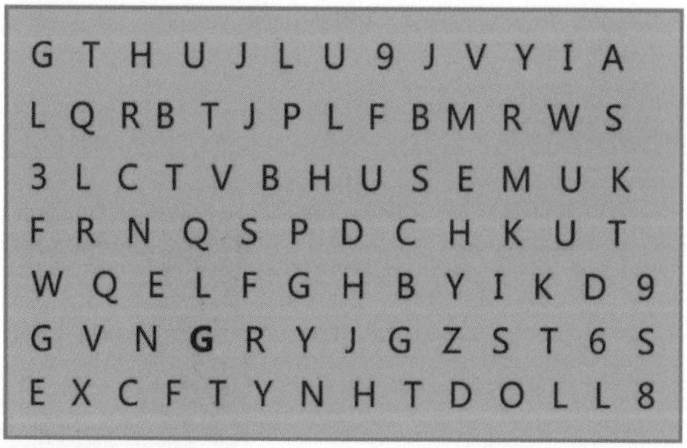

◎ 图 2.5-11　寻找字母 G 时的"跳入"现象能帮助用户迅速定位

颜色和晃动都能够产生"跳入"现象，实际上，只要差异足够大，就会产生这种现象。比如，找到图 2.5-12 中所有的红色字。

◎ 图 2.5-12　颜色和晃动都能够产生"跳入"现象

在地图应用中，一般将产生拥堵的街道使用红色进行标记，无论是从语义上还是从感官上都非常合适。

但同时，问题会随之产生，有时候，系统并不能确定用户的目标信息是什么，因为用户可能将多个并列信息中的任何一项作为目标信息。这怎么办？解决方法也不是没有：设计师可以尝试将这些并列的信息对象做得与众不同。比如，手机的桌面上会同时放置众多不同的应用启动图标，用户可能启动其中的任何一个，为了利用"跳入"现象，设计师应该尽可能地将自己的应用启动图标做得与众不同，这样用户就能够使用视觉边界检测特征，进而迅速定位。对于多个并列的菜单来说，除了加上不同的图标，基本上没有更好的方法，但是当用户长期使用该应用之后，就会对菜单项的位置产生记忆。例如，使用Word 的用户基本上能够快速找到字体处理的各个选项。因此，对于菜单工具、列表、面板选项来说，不到万不得已，千万不要进行项目的变动。

第 3 章
著名的 UI 设计准则

3.1 Fitts' Law（菲茨定律）

你知道为什么 Microsoft Windows 的选单列放在视窗上，而 Apple Mac OS X 的选单列放在屏幕的最上方吗？其实这是菲茨定律在界面设计上的妙用所在。

再比如，你的注意力和鼠标指针正停留在某个网站的 Logo 上，而你被告知要去单击页面中的某个按钮，于是你需要将注意力焦点及鼠标指针都移动到该按钮上。这个移动过程中的效率问题正是菲茨定律所关注的（见图 3.1-1）。

◎ 图 3.1-1　浏览网站时，注意力焦点及鼠标指针移动的效率问题正是菲茨定律所关注的

菲茨定律是心理学家 Paul Fitts 所提出的人机界面设计法则，主要定义了游标移动到目标的距离、目标物的大小和所花费的时间之间的关系。菲茨定律目前广泛应用在许多使用者界面设计上，以提高界面的使用性、操作度和效能（见图 3.1-2）。

定律内容为从一个起始位置移动到一个最终目标所需的时间由两个参数来决定，即到目标的距离和目标的大小（图 3.1-2 中的 D 与 W），用数学公式表达为时间 $T = a + b \log_2 (D/W+1)$。

用图来解释，就是当 D（起始点到目标的距离）越长，使用者所花费的时间越多，而当 W（目标物平行于运动轨迹的长度）越长，则使用者所花费的时间越少，使用效能也比较好。

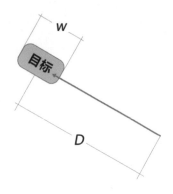

◎ 图 3.1-2　用图来解释定律

对比一下 Windows 与 Mac（OS X Lion 之前的版本）中的滚动条。在 Windows 中，纵向滚动条上、下两端各有一个按钮，里面的图标分别是向上和向下的箭头；横向滚动条也类似。这种模式确实更符合用户的心智模型，因为触发左、右移动的交互对象分别处于左、右两端，你到左边寻找向左移动的方法时会看到左箭头按钮，右侧也一样；而 Mac 系统则将左、右按钮并列在同一侧，使左、右导航的操作所需跨越的距离大大缩短，从而提高了操作效率（见图 3.1-3）。

◎ 图 3.1-3　Windows 与 Mac 中滚动条设计的比较

在交互设计的世界中，目标用户群的特征是需要时刻牢记于心的，对于菲茨定律的运用也是同样的道理。对于目标用户中包含儿童、老人甚至是残障人士的产品来说，界面交互元素的尺寸需要更大，以便这类相对特殊的用户可以很容易地进行操作。

下面来看看菲茨定律在界面设计中的运用。

3.1.1　尺寸和距离

在设计任何一个可交互的 UI 元素时，我们都需要考虑其尺寸及与其他元素之间的相对距离关系。市面上有各种各样的设计规范，其中多数会提到按钮最小尺寸及与其他交互元素之间排布距离方面的问题。尽量将多个常用的功能元素放在距离较近的位置；另外需要考虑的是，对于那些会产生高风险的交互元素，在很多时候不希望用户能够很轻松地点击到它们，这种情况下要尽量将这些元素与那些较为常用的界面元素放置在相对距离较远的位置上。如图 3.1-4 所示，这里的危险操作（删除按钮）与常用的下载按钮之间的距离就过近了。

◎ 图 3.1-4　删除按钮与常用的下载按钮之间的距离过近

3.1.2　边缘

1. 角落

对应着菲茨公式中的 W，处于界面角落上的元素可以被看成是具有无限大尺寸的，因为当鼠标指针处于屏幕边缘时，它就会停止移动，无论怎样继续向"外"挪动鼠标，指针的位置都不会改变。用户可以很轻松地点击到处于角落的交互元素，屏幕边缘会自动将指针限定在角落的位置上。这也正是 Windows 的开始按钮及 Mac 的系统菜单被放在左下角或左上角的原因之一（见图 3.1-5）。

◎ 图 3.1-5　用户可以很轻松地点击到处于角落的交互元素

2. 顶部和底部

与"角落"类似，由于屏幕边缘的限制，界面的顶部和底部也是容易定位和点击到的位置，不过没有角落容易，因为这两个位置只在纵向上受到了约束，而在横向上依然需要用户手动定位，但比边缘以内的元素容易点击。出于这个原因，苹果系统将菜单放在了整个屏幕的顶部，而不是像 Windows 系统那样只将菜单放在当前活跃窗口自身的顶部（见图3.1-6）。

◎ 图 3.1-6　苹果系统将菜单放置在了整个屏幕的顶部，比边缘以内的元素更容易点击

3. 弹出菜单

让弹出菜单呈现在鼠标指针旁边，可以减小下一步操作所需要的移动距离，进而降低操作时间的消耗（见图 3.1-7）。

◎ 图 3.1-7　弹出菜单呈现在鼠标指针旁边可以减小下一步操作所需要的移动距离

菲茨定律可以在不同平台中以不同的形式发挥作用，要打造上乘的产品体验，就需要了解这些作用形式。特别是在移动设备上，我们会面临很多在传统桌面设备中不曾遇到的挑战与变数。当然，菲茨定律绝不是唯一需要考虑的设计原理，但绝对是非常常用的，并且是几乎会在界面设计过程中时时处处体现出来的一个。

3.2　Hick's Law（席克定律）

先来看看如图 3.2-1 所示的一幅漫画，你是不是觉得在日常的生活、工作和娱乐中自己患上了选择困难症？也许这并不是你的错，而是对方给予的选项太多。

◎ 图 3.2-1　质疑自己患上了选择困难症

席克定律中说道：一个人面临的选择（n）越多，所需要做出决定的时间（T）就越长。用数学公式表达为：

$$T = a + b \log_2 (n)$$

其中，T 为反应所需的时间；a 为与做决定无关的总时间（如前期认知和观察、阅读文字、移动鼠标等的时间）；b 为对选项认识的处理时间（从经验衍生出的常数，对人来说约为 0.155s）；n 为具有可能性的相似答案总数。

转换成我们听得懂的语言就是：当选项增加时，做决定的时间就会相应增加。

听起来深奥，但这些其实就藏在我们每一天的生活中，一点也不难懂。请看图 3.2-2 和图 3.2-3。

以上这两幅图有没有唤起你心中某些痛苦的记忆呢？过多功能和选项的罗列会让人苦恼，这时就可以利用席克定律来改变。

如果在一个流程中，服务或产品中"时间就是关键"，那么可以把与做决定有关的选项减到最少，以减少所

◎ 图 3.2-2　路标越多，驾驶员要根据目的地而决定转弯与否的时间就会拉长

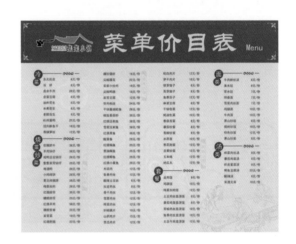

◎ 图 3.2-3　当选项增加时，用餐者从简单选项中选择项目的时间也会增加

需的反应时间，降低犯错的概率，也可以对选项进行同类分组和多层级分布，这样用户使用的效率会更高，时间会更短。

除了前面的范例之外，席克定律的另外一个要点就是适用于必须快速做出反应的紧急状况处理。在设计障碍排除或紧急意外处理界面时，必须删除一切不是绝对必要的选项。如飞机的逃生门、火车的紧急停驶装置或大楼的灭火设备等（见图 3.2-4），在这些攸关生命安

全的危机处理过程中，选项并不是使用者的朋友，而是他们必须克服的障碍。

但席克定律只适合"刺激—回应"类型的简单决定，当任务的复杂度增加时，席克定律的适用性就会降低。如果设计包含复杂的互动，请不要依靠"席克定律"做出设计

◎ 图 3.2-4　紧急逃生装置的操作方式必须绝对简洁

结论，而应该根据实际的具体情况，在目标群体中测试设计。

3.3　Steering Law（操纵定律）

如果单纯从菲茨定律的角度来看，按鼠标右键就可弹跳出来的快捷选单，似乎比固定的选项便利许多。因为不管光标到哪儿，只要按下右键，快捷选单就可以出现在那儿，这似乎缩短了光标与目标物件之间的距离。但在讨论快捷选单的使用时，还必须注意到这个被称为操纵定律的概念。操纵定律所研究的是使用者以鼠标或其他装置来操控光标，在经过一个狭窄通道时所需要的时间。操纵定律的结论显示，通道的宽度对于所需时间有决定性的影响，通道越窄，使用的困难度就越高，时间也就会相对延长。

操纵定律的公式为

$T=a+b\ A/W$

式中，T 为时间；a 为预设设备的起始时间；b 为预设设备的移动速度；A 为在通道内移动的距离；W 为通道的宽度。

在通道很宽的情况下，操纵定律几乎对所需时间没有任何影响，以快捷选单为例，通常选单的宽度足够，因此如果只需要在其中做上、下移动，并不会有任何可用性的问题（见图 3.3-1）。可是一旦使用者须横向移动进入下一个副选单，这时的通道就只剩下该选项的高度，因此在操作上会变得相对困难（见图 3.3-2），这个问题在多层次的级联选单中经常出现，因为使用者必须连续通过好几个狭窄的通道才能点选需要的选项，因此即使移动的距离并不长，使用上仍不便利（见图 3.3-3）。

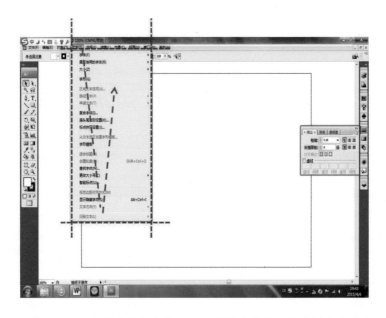

◎ 图 3.3-1　在级联选单中上、下移动的速度并不会受到太大影响

为了克服级联选单的弊端，Windows XP 操作系统特别设计了一个短暂的延迟机制，就算使用者不小心滑出预设通道，副选单也不至于立刻消失。该机制可以说是有效的，但这种延迟也让操作系统反应有些迟缓，在此值得特别提出来讨论的是 Mac OS 操作系统在级联选单设计上的巧妙构思。

◎ 图 3.3-2　在级联选单中横向移动必须小心翼翼

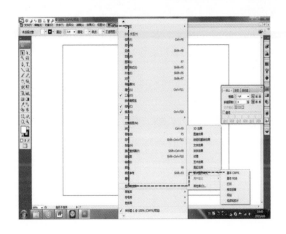

◎ 图 3.3-3　在多层次的级联选单中操控鼠标的困难度会影响移动速度

　　Apple 公司在使用性方面的创意举世闻名，与菲茨定律相关的实例就是早期 iPod 的同心圆控制键排列方式，其颠覆了传统直线式排列，让所有选项都与拇指位置接近以便操作，面对操纵定律的挑战，Apple 公司则采取了与 Microsoft 公司不同的策略。Apple 的操作系统并不会一视同仁地进行延迟，而是预设了两个让副选单维持开放的条件：一是，使用者的光标必须朝着副选单的方向行进；二是，光标的移动速度必须维持在特定的最低限速上。如此一来，使用者只要不是朝副选单方向移动，副选单就会迅速关闭；但如果光标正在朝正确方向移动，用户就算抄近路跨出默认通道，也一样可以抵达想点选的选项位置（见图 3.3-4）。

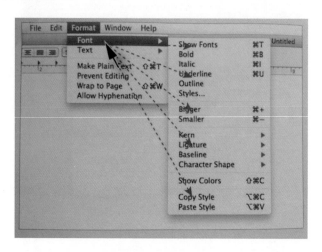

◎ 图 3.3-4　只要是快速朝副选单方向行进，副选项就会维持开放

这个设定成功的关键在于限速的设定。设计者必须能成功地估算，一般使用者朝复选单移动的时候，大约会采取什么样的速度。而Apple 公司成功的关键其实就是这种使用经验细节上的贴心和巧妙构思。

3.4　Tesler's Law（泰思勒定律）

泰思勒定律又称为"复杂不灭定律"（The Law of Conservation of Complexity），由曾任职于 Xerox PARC、Apple、Amazon 和 Yahoo 等著名科技公司的人机交互设计师赖瑞·泰思勒（Larry Tesler）提出，这个定律没有任何程序、也与数学无关，它是对互动设计精神的一种阐述。

泰思勒定律全文为："每一个程序都必然有其与生俱来、无法缩减的复杂度。唯一的问题就是谁来处理它。"也就是说，与物质不灭相同，"复杂度"也不会凭空消失，如果设计者在设计时不花心思去处理，使用者在使用过程中便需要花时间去处理。以先前所提的操纵定律为例，如果 Apple 公司的设计师不花时间让级联选单变得简便，那么 Apple 计算机的使用者，就必须在操作时多花时间和精神去面对这个问题。

该定律认为，每一个过程都有其固有的复杂性，存在一个临界点，超过这个点，过程就不能再简化了，只能将固有的复杂性从一个地方移动到另外一个地方。如邮箱的设计，收件人地址是不能再简化的，而发件人却可以通过客户端的集成来转移它的复杂性。

针对这个观念，泰思勒曾经进一步阐述："如果工程师少花了一个礼拜的时间去处理软件复杂部分，那么可能会有一百万名使用者，每个人每天都因此而浪费一分钟的时间。等于是为了简化工程师的工作而去惩罚使用者。到底谁的时间对企业比较重要呢？对于大众市场的应用软件而言，除非已经有了决定性的市场独占位置，否则，客户的时间绝对是最珍贵的。"这一番话就是泰思勒当年在 Apple 公司刚刚开始推动图像化使用界面设计时所提出的一个理念。图像化界面的设计和程序撰写增加了工程师的工作负担，却提升了使用者的便利性，成功地促成了数位科技的普及化。

事实上，泰思勒所提出的"决定性市场独占位置"一样不能完全保障产品或企业的成功，以排版软件 QuarkXPress 为例，在 1998年，QuarkXPress 已经叱咤风云将近十年，并且以 80% 的市场占有率雄霸传统出版界，但该公司却因此沉溺在成就之中，忽略了使用者的需求与要求。在 Adobe 公司于 1999 年推出 InDesign 之后，

QuarkXPress 市场逐渐流失了，在 2005 年左右，InDesign 的销售量已经远远超越 QuarkXPress。

一般而言，使用者对复杂的容忍度与专业需求成正比。非专业的互动产品没有复杂的本钱，因为使用者总会去选择最为便利的产品。为了专业上的需要，人们愿意花时间学习使用专业性的互动软硬件产品。就像设计师可以花时间学习使用 QuarkXPress，甚至于多年来忍受其诸多不便一样。但使用者对于复杂的容忍度却和等质的竞争产品成反比。因此 InDesign 软体的出现，让平面设计师有了一个新的选择，许多人便毅然放弃了熟悉的 QuarkXPress。因此可以将这个结论归纳为本节所介绍的最后一个定律："复杂的容忍度 = 专业需求 ／ 等质竞争产品的数量。"这是从事互动设计工作时应该谨记于心的一个教训。

3.5 Occam's Razor（奥卡姆剃刀定律）

奥卡姆剃刀定律也被称为"简单有效原理"，由 14 世纪哲学家、圣方济各会修士奥卡姆的威廉（William of Occam，约 1285—1349 年）提出。这个原理告诫人们"不要浪费较多东西去做用较少东西同样可以做好的事情。"后来以一种更为普遍的形式为人们所知，即"如无必要，勿增实体。"也就是说，如果有两个功能相等的设计，那么我们选择最简单的那个。

一个简洁的页面能让用户快速找到他们所要找的东西，在销售商品时这点尤为重要。如果页面充斥着各种没用的文章、小工具和无关商品，浏览者会觉得头晕、烦躁、愤怒……并迅速关闭浏览器。简洁页面的优势有很多：

简洁页面的 4 个优势：

（1）能更好地传达出所想要表达的内容；

（2）更容易吸引广告投放者；

（3）能给访客带来更好的用户体验；

（4）效率更高。

1. 能更好地传达出所想要表达的内容

简洁的页面让用户一眼就能找到自己感兴趣的内容，而复杂的页面会让用户一时找不到信息的重点。要用一个页面来展示产品，如果采用三竖栏的结构就会显得很复杂；而若采用两竖栏来展示，宽的竖栏做图片展示和性能介绍，窄的竖栏做次要介绍或图片导航，这样能带给用户更好的阅读效果，顾客更有耐心阅读，通过网站所要表达的内容也就能更好地传递到用户眼前（见图 3.5-1 和图 3.5-2）。

◎ 图 3.5-1　美国大型服装销售网站

◎ 图 3.5-2　Ashford 是美国早期网上手表商城之一

2. 更容易吸引广告投放者

精明的广告商们有充足的经验选择广告的投放，他们看中的是广告的点击率、转化率，而不仅仅是网站的流量。虽然在复杂网站会有很多被展示的机会，但是因为网站复杂且内容多，顾客点击网站广告的概率就会比较小，广告效果可能还不如那些展示次数较少的简洁页面。因此简洁的网站可能会更加吸引广告商们，一个屏幕只有那么大，网站的内容越简单，放置广告的地方就越明显，越容易吸引他人注意和点击（见图 3.5-3）。

◎ 图 3.5-3　最右边的"最会玩音乐节的小站"广告相对来说更加醒目

3. 能给访客带来更好的用户体验

相信很多朋友在寻找网页的时候采取的观点是实用第一，美观第二，何况简约型的网站不一定就不美观。对比百度和搜狐，如果大家想使用搜索引擎功能，相信大部分人会选择简单、高效的百度搜索（见图 3.5-4）。这是为什么呢？在技术上这两个搜索引擎不相伯仲，而主要的差距就在于网站的页面设计风格。从一个巨大的页面里找到所要用的搜索引擎框是很痛苦的，相信很多朋友都有类似感觉，所以简洁的网站页面能给用户带来更好的体验。

4. 效率更高

与复杂页面相比，简洁页面能够更快速地打开。现如今，凡事都讲效率、速度，若网站没有及时打开，用户就会失去兴趣而选择其他网站。搜索引擎的结果如此之多，用户首先看到的是最先打开的页面。

如果将页面设计得过于复杂，可能就会失去潜在用户了。

◎ 图 3.5-4　百度搜索界面

想要科学地设计一个简洁页面可以从如图 3.5-5 所示的 5 个方面入手。

1）只放置必要的东西

简洁页面最重要的一个方面是只展示有作用的东西。这并不意味着不能提供给用户很多信息，可以用"更多信息"的链接来实现这些。

2）减少点击次数

让用户通过很少的点击次数就能找到他们想要的东西。

3）"外婆"规则

如果你的外婆（其他老年人）也能轻松使用页面，说明这个页面做得很成功。

◎ 图 3.5-5　科学地设计一个简洁页面需进行的 5 个方面工作

4）减少段落的个数

每当网页增加一段内容，其主要内容就会被挤到一个更小的空间。那些段落并没有起到什么好作用，而是让用户看到更多他们并不想了解的东西。

5）给予更少的选项

做过多决定也是一种压力，总体来说，用户希望在浏览网页的时候少一点思考。在展示内容的时候要努力减小用户的思维负担，从而使他们的操作更顺畅，心态更平和。

在这些方面，苹果公司的官方网站做得很好。苹果公司用一种很有效的方式提供了足够多的信息，所有文字、链接和图片都很集中，并没有那些使人分心的广告和其他不需要的信息（见图3.5-6）。

◎ 图3.5-6　苹果公司官方网站的界面设计

正如爱因斯坦所说：万事万物应该最简单（Make everything as simple as possible, but not simpler）。搞懂了奥卡姆剃刀定律，不仅设计会变得更简单实用，也许还能从中悟出简单生活的哲学。

神奇数字 7±2 法则在设计中的应用体现在以下 3 个方面：

（1）PC 端导航或选项卡尽量不超过 9 个，应用的选项卡不超过 5 个；

（2）如果导航或选项卡内容很多，可以用一个层级结构来展示各段及其子段，并注意其深度和广度的平衡；

（3）把大块整段的信息分割成各个小段，并显著标记每个信息段和子段，以便清晰地确认各自的内容。

3.6　神奇数字 7±2 法则

7±2 法则正式提出于美国心理学家 George A. Miller1956 年发布的论文《神奇的数字 7 加减 2：我们加工信息能力的某些限制》。

1956 年，George A. Miller 对短期记忆能力进行了定量研究，他发现人类头脑最好的状态能记忆含有 7(±2) 项信息，在记忆了 5~9 项信息后头脑就会开始出错。与席克定律类似，神奇数字 7±2 法则也经常被用于移动应用交互设计上。

神奇数字 7±2 法则在设计中的应用主要体现在如下 3 个方面。

1）PC 端导航或选项卡尽量不超过 9 个，应用的选项卡不超过 5 个

如图 3.6-1 所示为苹果官网、人人官网及 UI 中国官网导航栏。这三个主流网站的导航栏模块都没有超过 9 个，空间布局合理，使用起来方便快捷，尤其是苹果官网，是简约设计的典范，因此，尽量使得自己设计的网站导航栏少于 9 个会让用户对于网站的内容一目了然。

如图 3.6-2 所示为安卓版微信、安卓版支付宝和安卓版 QQ 底部导航栏。在使用 App 的时候，我们都会用到软件的底部导航区域，如果仔细观察，不难发现，任何软件的底部导航模块都不会超过 5 个。

◎ 图 3.6-1　苹果官网、人人官网及 UI 中国官网导航栏

◎ 图 3.6-2　安卓版微信、支付宝和 QQ 底部导航栏

2）如果导航或选项卡的内容很多，可以用一个层级结构来展示各段及其子段，并注意其深度和广度的平衡

如图 3.6-3 所示为天猫商城和亚马逊网站的商品分类选项卡。导航分为多个层级。如果导航的内容很多放不下，我们可以将它分层级收纳，就像天猫商城和亚马逊官网对于商品分类的处理方式一样，使

用父子层级的方式来归类展示商品。

天猫商城

亚马逊网站

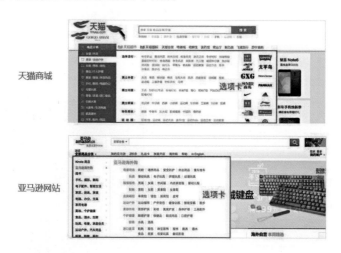

◎ 图 3.6-3　天猫商城和亚马逊网站的商品分类选项卡

再如图 3.6-4 所示为京东 App 及当当网 App 分类模块。从中不难看出，两个产品的商品分类布局形式很相似，都用了选项卡的方式来分类商品，层级明确，提升了用户寻找商品的效率。

3）把大块整段信息分割成各个小段，并显著标记每个信息段和子段，以便清晰地确认各自的内容

◎ 图 3.6-4　京东 App 及当当网 App 分类模块

如图 3.6-5 所示为苹果官网 iPhone X 对于语言版本的介绍模块。该模块把一整段语言分成 4 个小模块来介绍，并且每个小模块都有自己的标题，再辅以段落之间的空间留白，使得此段信息看起来清晰明了。

再如图 3.6-6 所示为支付宝及微信银行卡界面卡号信息的展示方式。为了便于记忆，支付宝及微信的银行卡界面卡号信息展示采取了分段方式，这也源于现实生活中使用的银行卡，众所周知，银行卡的卡号是分段展示在卡上的。

苹果官网语言版本介绍板块

◎ 图 3.6-5　苹果官网 iPhone X 对于语言版本的介绍模块

支付宝银行卡界面　　微信银行卡界面

◎ 图 3.6-6　支付宝及微信银行卡界面卡号信息的展示方式

3.7　Ben Shneiderman （本·施耐德曼）的八项黄金法则

从 Mac 和 PC、移动设备到虚拟现实，以及未来可能出现的任何互动科技，只要涉及人与界面之间的交互设计，就不得不提及 Ben Shneiderman（本·施耐德曼）的八项黄金法则（见图 3.7-1）。苹果公司、谷歌公司和微软公司设计的产品都反映了这个法则，这些行业巨头制定的用户界面指南都包含这些法则中的特征，而这些公司的热门界面设计则是法则的视觉体现。

Ben Shneiderman（本·施耐德曼）的八项黄金法则：一致性、让经常使用产品的用户可以使用快捷键、提供有意义的反馈、告知状态、提供简单的错误处理、允许轻松地进行撤销操作、让用户有掌控感、减少短期记忆负载。

| 1 | 2 | 3 | 4 | 5 | 6 | 7 | 8 |

一致性 | 让经常使用产品的用户可以使用快捷键 | 提供有意义的反馈 | 告知状态 | 提供简单的错误处理 | 允许轻松地进行撤销操作 | 让用户有掌控感 | 减少短期记忆负载

◎ 图 3.7-1　Ben Shneiderman（本·施耐德曼）的八项黄金法则

3.7.1　一致性

在设计类似的功能和操作时，可以利用熟悉的图标、颜色、菜单的层次结构、行为召唤、用户流程图来实现一致性。规范信息表现的方式可以减小用户认知负担，使用户体验易懂流畅。一致性可以帮助用户快速熟悉产品的数字化环境，从而更轻松地实现其目标。

"一致性"和"感知的稳定性"在 Mac OS 的设计中体现得淋漓尽致。不管是 20 世纪 80 年代的版本，还是现在的版本，Mac OS 菜单栏设计都包含一致的图形元素（见图 3.7-2）。

◎ 图 3.7-2　"一致性"设计

3.7.2　让经常使用产品的用户可以用快捷键

随着使用次数的增加，用户需要有更快完成任务的方法。例如，Windows 和 Mac 为用户提供了用于复制和粘贴的键盘快捷方式，随着用户经验的增加，他们可以更快速、轻松地浏览和操作用户界面。

3.7.3　提供有意义的反馈

用户每完成一个操作，需要系统给出反馈，然后才能感知并进入下一个操作。反馈有很多类型，如声音提示、触摸感、语言提示，以及各种类型的组合。对于用户的每一个动作，应该在合理的时间内提供适当的、人性化的反馈。例如，设计多页问卷时应该告诉用户进行到哪个步骤，要保证让用户在尽量少受干扰的情况下得到最有价值的信息。体验不佳的错误消息通常会只显示错误代码，这对用户来说毫无意义。一名好的设计师应该始终给用户以可读和有意义的反馈（见图 3.7-3）。

◎ 图 3.7-3　"提供有意义的反馈"设计

3.7.4　告知状态

不要让用户猜来猜去，直接告诉用户其操作会引导他们到哪个步骤。例如，用户在完成在线购买后看到"谢谢购买"消息提示和支付凭证后会感到满足和安心。

3.7.5　提供简单的错误处理

　　用户不喜欢被告知其操作错误。设计时应该尽量考虑如何减少用户犯错误的机会，但如果用户操作时发生不可避免的错误，不能只报错而不提供解决方案，要确保为用户提供简单、直观的分步说明，以引导他们轻松、快速地解决问题。

　　如图 3.7-4 所示，Mac OS 通过显示一个温和的提示消息向用户解释出现的错误操作及其原因。另外，解释这是由于自己的安全偏好选择，进一步向用户保证，告诉他们一切在掌控范围内。

◎ 图 3.7-4　"提供简单的错误处理"设计

3.7.6　允许轻松地进行撤销操作

　　设计人员应提供明显的方式来让用户恢复之前的操作，无论是单次动作、数据输入还是整个动作序列后都应允许进行返回操作（见图 3.7-5）。正如 Shneiderman 在他的书中所说："这个功能减轻了焦虑，因为用户知道即便操作失误，之前的操作也可以被撤销，鼓励用户大胆地放手探索。"

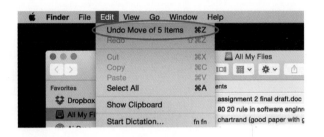

◎ 图 3.7-5　"允许轻松地进行撤销操作"设计

3.7.7　让用户有掌控感

设计时应考虑如何让用户主动使用而不是被动接受，要让用户感觉他们对数字空间中一系列操作了如指掌，在设计时按照他们预期的方式来获得信任。例如，Mac 的活动监视器允许用户在程序意外崩溃时"强制退出"（见图 3.7-6）。

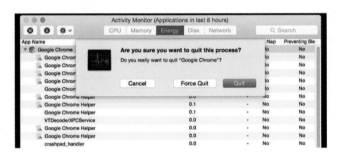

◎ 图 3.7-6　"让用户有掌控感"设计

3.7.8　减少短期记忆负载

人的记忆力是有限的，我们的短期记忆每次最多只能记住 5 个东西。因此，界面设计应当尽可能简洁，保持适当的信息层次结构，让用户去再认信息而不是去回忆。再认信息总比回忆更容易，因为再认通过感知线索让相关信息重现。例如，我们发现选择题比简答题更容易，因为选择题只需要对正确答案再认，而不是从记忆中提取。iPhone 屏幕底部的主菜单区域中只能放置 4 个及以下的应用程序图标，这个设计不仅涉及对记忆负荷的考虑，而且考虑了不同版本一致性问题（见图 3.7-7）。

◎ 图 3.7-7　"减少短期记忆负载"设计

第 4 章
UI 设计中的视觉元素设计

在以往的商业模式中，常常提到的"3C"分别为公司（company）、客户（customer）和竞争对手（competititon）。在如今的 UI 设计领域也同样有着类似的三个要素，分别为色彩（color）、对比度（contrast）和内容（content）。将色彩、对比度和内容放在一起构成 3C 要素并不仅仅是因为它们的单词开头都是字母 C，而是它们本身在 UI 设计中都占据足够突出的地位。看起来好像它们的基本概念并不复杂，但是在实际的 UI 设计项目中，它们要复杂得多。

1. 色彩

色彩是大多数设计给用户传递的显著的视觉元素之一。设计师和非设计师都会常常聊到色彩，不同色彩带给大家不同的感受和体验。

即使没有其他元素，色彩本身也常常能够创造出独特的情感体验。任何可见的色彩，呈现在任何人面前，都能够获得反馈。这也使得色彩在设计中有着独特的地位，在界面中影响着许多不同的功能和属性。

色彩设计不是将不同色彩简单地混合到一起。配色方案是控制设计中不同色彩组合的合集。设计师通过创建配色方案，系统地对品牌和 UI 界面的色彩进行管理，确保了品牌和 UI 在色彩的运用上保持着高度一致。

UI 设计的 3 个要素：
3C——色彩（color）、
对比度（contrast）和
内容（content）。

　　配色方案中的具体搭配植根于色彩理论。色彩从来都不是越多越好，在通常的配色方案中，色彩数量要控制在 3 种左右。Mockplus 推荐在配色中 3 种色彩的占比为 6∶3∶1，而这一点和室内设计配色的规则是一致的。这种配色策略和黄金比例在内核上是一致的。

　　另外，还有一种策略基于黑、白两色来构建整个设计，然后加入更多的其他色彩，将整个配色方案丰富起来。黑、白两色确保了整个设计的轮廓足够清晰，不过在后续加入配色的时候要注意色彩的数量及色彩之间的对比度，而这也正好涉及第二个"C"——Contrast。

2. 对比度

　　元素之间的差异往往能够借助对比度来突显。创建富有层次的视觉结构，让内容的可读性更强，让信息更容易被用户所理解和吸收。对比强烈的元素能让用户轻松地注意到构成对比的元素，创造自然的视觉模式和用户流程。

　　对比度之所以如此重要，在很大程度上是因为其广泛的适用性和显著的实用性。在控制对比度的时候，需要明确对比度通常所涉及的元素类型和属性。

　　在探讨 UI 的可访问性的时候，对比度始终是关键因素：在配色时，借助色轮选择处于相对位置的对比色，让视觉上的对比度足够明晰；在选择字体时，借助不同类型的字体差异，来创造视觉上的对比度，也是如今网页设计中经常用到的技巧。

　　空间上的对比度营造也很有技巧，可使用不同的留白来营造疏密对比。如果想让某一部分内容更容易吸引用户的注意力，不妨让其周围有更多的留白。

简而言之，对比通过对立的差异化来创造吸引力。看似不同的元素实际上可以搭配起来，达到一目了然的效果。

3.内容

用户界面中的内容非常丰富，涵盖了图像、文字、图标、品牌等所有相关的信息，还包括视频及各种微文案甚至 UI 控件上的说明和标签。

所有这些元素汇聚到一起，构成用户界面，从而让设计变得优秀和特别。为什么用户会停留在这个界面而不是去别的地方？原因就是内容。

内容本身要足够精彩。高分辨率的图片、涵盖有用信息的文本，与竞争对手的内容相比，你所创建的内容必须更加优秀，更加有料，更加突出。

这是一项艰巨的任务。你需要有所坚持，需要让用户看到内容的真实性，需要和你的情感产生共鸣。

总而言之，3C 要素在 UI 设计中占据着足够突出的地位，有着无与伦比的重要性。在策略上，围绕着 3C 要素来设计，能让你的 UI 界面更加富有凝聚力。

下面我们就 3C 要素包含的各个细节一起来讨论学习。

4.1　版面的编排设计

版面的编排设计，主要指运用造型要素及形式原理，对版面内的文字字体、图形图像、线条、表格、色块等要素，按照一定的要求进行编排，以视觉方式艺术地表达出来，并通过对这些要素的编排，使

版面编排设计的定义：运用造型要素及形式原理，对版面内的文字字体、图形图像、线条、表格、色块等要素，按照一定的要求进行编排，以视觉方式艺术地表达出来，并通过对这些要素的编排，使观看者直观地感受到某些要传递的信息。

观看者直观地感受到某些要传递的信息。

4.1.1 版面编排的 6 个设计要点

版面编排的 6 个设计要点如图 4.1-1 所示。

1. 明确设计目的

在设计之前，首先要确定设计目的。你想传达的是什么信息，以及你要用什么方式来实现。

设计良好的排版与其设计目的应该是一致的。这是因为排版是设计风格和感情定位的关键。

例如，如果你正在设计一张插图风格的贺卡，请选择符合插图风格的字体，与设计的其余部分协调一致（见图4.1-2）。

如果你正在设计一个登录页面，请选择不影响图像，并

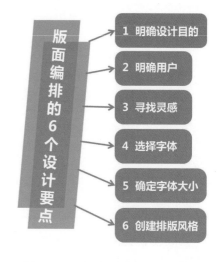

◎ 图 4.1-1　版面编排的 6 个设计要点

◎ 图 4.1-2　选择符合插图风格的字体

版面编排的 6 个设计要点：
（1）明确设计目的；　（2）明确用户；
（3）寻找灵感；　　　（4）选择字体；
（5.确定字体大小；　　（6）创建排版风格。

能够强调信息的简单字体。如果图像是设计的焦点，请选择简单字体，使图像脱颖而出（见图 4.1-3）。

◎ 图 4.1-3　图像是设计的焦点时要选择简单字体

2. 明确用户

接下来要明确用户群体。这一步很重要，因为用户的年龄、兴趣和文化认知会影响你对字体的选择。

例如，一些字体更适合儿童。当儿童开始学习阅读时，他们需要的是字形大方且高度清晰的字体。一个最好的例子就是 Sassoon Primary 字体（见图 4.1-4），Rosemary Sassoon 在她"对

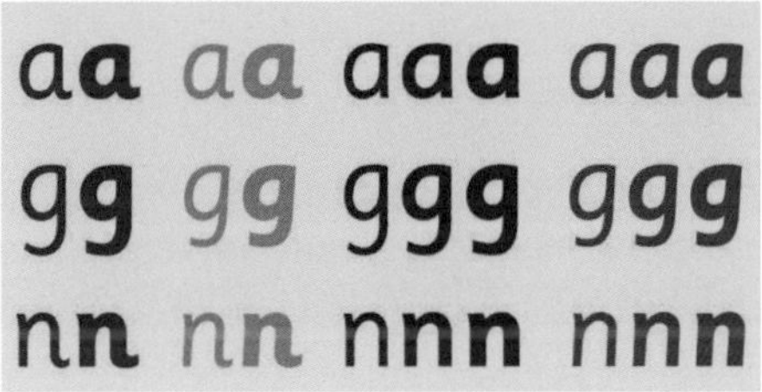

◎ 图 4.1-4　Sassoon Primary 字体

于孩子们什么样的字母最容易阅读"的研究基础上发明了这款字体。

选择字体时，请考虑用户的需求。简单地说，要有同理心。

3. 寻找灵感

观看其他设计师的作品时，试着理解为什么他们选择这种字体。

1）字体启发

从 Typ.io 网站搜集字体灵感
（见图 4.1-5）。此外，它还提供
每个灵感样本底部的 CSS 字体定
义。

另外，查看你喜欢的网站，并
探索它们使用什么字体。有一个很
好用的工具"WhatTheFont"。
这个工具是一个 Chrome 扩展程

◎ 图 4.1-5　从 Typ.io 网站搜集
字体灵感

序，可以通过将鼠标悬停在网页上来查看网页字体。

2）字体搭配

除了选择合适的字体，还要选择合适的字体搭配。字体搭配与字
体本身一样重要。良好的字体搭配有助于建立视觉层次结构，提高设
计的可读性。

对于字体搭配，可以从 Typewolf 开始。Typewolf 的灵感来自
不同网站的字体组合，除此之外，还有字体推荐和排版指南。这是属
于排版设计师的宝库。

FontPair 是字体搭配网站，专
门针对 Google 字体（见图 4.1-6）。
你可以根据类型风格将字体排序，
如无衬线和衬线，或者衬线和衬线。

4. 选择字体

选择字体时要考虑可读性、易
读性和目的性，选择常规且易于阅

◎ 图 4.1-6　FontPair
字体搭配网站

读的字体，避免高度装饰的字体。另外，请注意字体的目的性。例如，一些字体更适合作为标题而不是正文。因此，在选择字体之前，应清楚其预期目的（见图 4.1-7）。

在字体搭配方面，保持简单，同一页中最多可以有3种不同的字体。这样做有助于引导读者的视线，首先是标题，然后到内容文本。此外，还可以使用不同的字体大小、颜色和质量创建视觉对比度（见图 4.1-8）。

◎ 图 4.1-7　在选择字体之前要清楚　　◎ 图 4.1-8　字体搭配
　　　　　其预期目的

对于网络字体，你可以使用 Google、Typekit 和 Font Squirrel 的字体。Google 是免费的，Typekit 和 Font Squirrel 既有免费的字体也有付费的字体。

5. 确定字体大小

设置完字体的组合之后就该确定字体大小了。Adobe 公司的界面负责人 Tim Brown 提供了一个很好的工具——Modular Scale，是一种通过历史上令人满意的比例来为文字大小创建尺度的系统（见图 4.1-9）。

◎ 图 4.1-9　Modular Scale 是通过历史上令人满意的比例
为文字大小创建尺度的系统

例如，可以使用基于黄金分割的比例。下面是计算出的前 5 个字体大小的选项：

Golden Ratio (1 : 1.618)

$1.000 \times 1.618 = 1.618$；

$1.618 \times 1.618 \approx 2.618$；

$2.618 \times 1.618 = 4.236$；

$4.236 \times 1.618 = 6.854$；

$6.854 \times 1.618 = 11.089$。

有一个可能会遇到的问题是需要较大的比例。接下来看一下基于黄金比例的计算继续下去会发生什么变化。

Golden Ratio (1 : 1.618)

……

$11.089 \times 1.618 \approx 17.942$；

17.942 × 1.618 = 29.03；

29.030 × 1.618 = 46.971；

46.971 × 1.618 = 75.999；

75.999 × 1.618 = 122.966。

可以看出，数字之间的间隔开始变大。但是大多数界面需要的是较小的间隔。幸运的是，Modular Scale 具有基于几何、自然和音乐的各种比例。

Minor Second 15:16；

Major Second 8:9；

Minor Third 5:6；

Major Third 4:5

……

因此如果不使用黄金分割比例，则可以使用像"Perfect Fourth"那样产生较小间隔的比例。

Perfect Fourth (3:4)

……

9.969 × 1.333 = 13.288；

13.288 × 1.333 = 17.713；

17.713 × 1.333 = 23.612；

23.612 × 1.333 = 31.475；

31.475 × 1.333 = 41.956；

41.956 × 1.333 = 55.927。

一旦定了一个尺度，就可以从列表中挑选字体的大小，并将其四舍五入到最接近的大小。

Font Sizes

Header1：55px；

Header2：42px；

Header3：31px；

Header4：24px；

Header5：14px；

Body：17px；

Caption：14px。

Modular Scale 使用精确的数学来生成字体的大小，但这只是一个参考。我们需要用这种方法作为参考，然后用自己的双眼来调整字体的大小。

6．创建排版风格

这个过程的最后一步是为排版创建一个样式指南，来标准化设计中的文字。

在像 Sketch 这样的程序中，你可以创建共享的文本样式，以便快速插入已经在准则中应用的样式文本（见图 4.1-10）。

在这一步中，你可以调整和完成文本属性，如颜色、宽度和大小。

◎ 图 4.1-10　Sketch 中的共享文本样式

视觉界面排版设计的四大重点：
（1）视觉焦点；
（2）层次结构；
（3）视觉重量；
（4）视觉方向。

选择字体颜色的时候，要考虑整个色系，要选择和色系协调的颜色。

在样式指南中，请确保至少要包含以下内容：字体的风格、字体的大小、字体的颜色和示例用法（见图4.1-11）。

◎ 图 4.1-11 使用样式指南来标准化设计中的文字

谷歌的 Material Design 是一个很好的例子，其包含了风格指南。

4.1.2　视觉界面排版设计的四大重点

图 4.1-12 所示为视觉界面排版设计的四大重点。

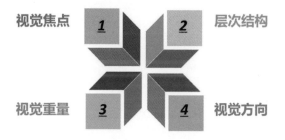

◎ 图 4.1-12 视觉界面排版设计的四大重点

1. 视觉焦点

视觉焦点为在界面中占据主导地位的视觉元素，第一时间能被视线捕捉到，是整个设计中不能不强调的设计元素。

如图 4.1-13 所示为设计师通过色块来强调重要的日期选项，关键元素高亮显示，从而能吸引人的注意力。

再如图 4.1-14 所示，在这个选座购票界面中，座位元素都是一样的，但是选中后的效果突出，形成视觉焦点，图中右半部分的异常界面提示按钮形成焦点。

2. 层次结构

在几秒内用户就能明确知道要点和页面元素之间的关系，并且顺利完成当前任务。建立视觉层次结构可以通过大小、对比、颜色、肌理、留白、空间，感知的视觉重要程度，好的设计视觉层次结构分明且符合用户的阅读习惯（见图 4.1-15）。

◎ 图 4.1-13　通过色块来强调重要的日期选项

◎ 图 4.1-14　座位选中后的突出效果

◎ 图 4.1-15　建立视觉层次结构

3. 视觉重量

如何去衡量视觉重量？影响视觉重量的因素有大小、对比、颜色、留白、形状、位置等，在一个界面中如何把握视觉重量的比例十分重要。

如图 4.1-16 所示，左图中我们会第一时间留意中间的 Logo 而不是大面积的蓝紫色，因为留白，所以周围没有任何元素。而图中右半部分的按钮会被人们第一时间注意到。

再如图 4.1-17 所示，左图为购买按钮和评分，购买按钮首先进入用户的视野，黑色在白底上的视觉重量比较大。右图为选座购票区域，座位都是圆形，通过颜色来区分它们之间的层级关系，重要的内容通过颜色强调，次要的内容通过明暗关系来表达。

◎ 图 4.1-16　视觉重量

◎ 图 4.1-17　选座购票的视觉重量
和层级关系设计

4. 视觉方向

视觉方向起到一个引导的作用，设计师要做的就是通过视觉引导，让用户能快速完成任务和达到预期目标。

如图 4.1-18 所示，图中左半部分的左边图标和右边列表形成一个竖向轴概念，因此就会有线。线连接元素的方向。图中右半部分是 Z 模式。

版式设计的 8 个形式美法则：
1. 主次关系；　　　2. 虚实对比；
3. 比例尺度；　　　4. 对称与均衡；
5. 对比与调和；　　6. 节奏和韵律；
7. 量感；　　　　　8. 空间感。

在图 4.1-19 中，6 个功能入口的图标分两行呈水平排列，内部系统的建立形成一个平行轴的关系，所以视觉方向比较清晰。

◎ 图 4.1-18　视觉方向起到一个引
导的作用

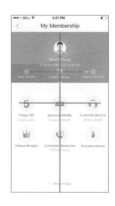

◎ 图 4.1-19
清晰的视觉方向

4.1.3　版式设计的形式美法则

形式美的法则具有多样统一性（见图 4.1-20）。造型中的美在变化和统一的矛盾中寻求"既不单调又不混乱的某种紧张而调和的世界"，简单地说就是在"变化"中求"统一"。

◎ 图 4.1-20　版式设计的形式美法则

1. 主次关系

凡是设计都有主题，并且只有一个主题，也只有一个主要表现的位置，但并不是说其他部分不重要，而是在创作中处理手法的主次要分明，表现出首先、其次、再次的关系，要有能抓住人们眼球的要素。如图 4.1-21 所示，其界面中心很引人注目，整个界面的主次关系很明确。

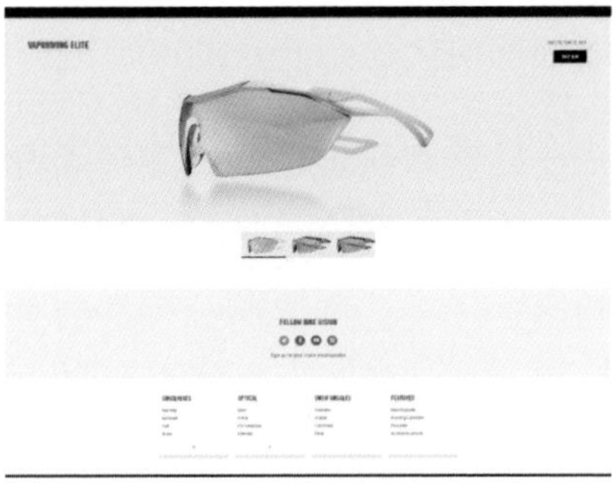

◎ 图 4.1-21　太阳镜的网页设计

2. 虚实对比

这里说的虚实是相对的。在建筑中，虚与实的概念是用物质实体和空间来表达的，如墙、地面是"实"的，门、窗、廊是"虚"的。在界面设计中也要虚实得体。

现在有很多启动页面的背景设计都会采用半透明或模糊的图片、场景等，将想要表达的主题放在半透明的背景上会更清晰，更有层次感，如图 4.1-22 所示。

◎ 图 4.1-22　英国某设计机构的
网页设计

3. 比例尺度

比例是形体之间谋求统一、均衡的数量秩序。比较常用的有黄金分割比 1∶1.618，此外，1∶1∶3 的矩形常用于书籍、报纸，1∶1.6

常用于信封和钱币，1：1.7常用于建筑的门窗与桌面，1：2、1：3也较常用。在设计过程中，并不是必须遵守某条定则或比例，而是需要根据现代社会大众的审美进行综合考虑。

尺度则是指整体与局部之间的关系，以及和环境特点的适应性。同样体积的物体，水平分割通常会显高，其视觉高度要大于实际物体高度；反之，则显低，给人的感觉比实际尺度要小。因此尺度处理要恰当，否则会使人感到不舒服，也难以形成视觉美感。

如图4.1-23所示的界面中，整车和附件的比例尺度处理得就很得当，比例适中，没有过大或过小，看上去很舒服。

◎ 图4.1-23　韩国现代汽车的网页设计

4. 对称与均衡

在美学中，对称与均衡是运用最广泛的，也是最古老普通的规律之一，同样，在界面设计中也不可忽视对称与均衡的美学规律。对称是指中轴线两侧形式完全相同。均衡则是指视觉上有稳定平衡感，过于对称显得庄严、单调、呆板，均衡则不同，其追求一种变化的秩序，对称与均衡的法则在不同情况下有不同的适用性，关键还在于设计师的适当选择和应用。

如图 4.1-24 所示的界面设计采用完全对称的手法，稳定平衡感很强，同时最上方沙发模型的大小和不同的摆放姿势又打破了整个界面的单调和呆板。

◎ 图 4.1-24　韩国现代索纳塔汽车的网页设计

5. 对比与调和

对比是两者的比较，如美丑、善恶、大小等都显示了对比的法则。在设计中，对比的目的在于打破单调，形成重点和高潮。对比的类别有明暗对比、色彩对比、造型对比及质感肌理对比等。对比法则含有类似矛盾的现象，然而此种矛盾能够表达美感要素，对比是从矛盾的要素中求得的良好效果。

调和是指两种或两种以上的物质或物体混合在一起，彼此不发生冲突。调和是通过明确各部分之间的主与次、支配与从属或等级秩序来达到的，在视觉上有形式调和、色彩调和和肌理调和等，这是人类潜在的美感知觉。调和是庄严、优雅而统一的，然而有时也会产生沉闷单调及无生动感的效果。

在主体设计中，为了形成一定的视觉显著点（亮点），多采用少调和(没有调和)、多对比的形式，或巧妙利用某种不调和的方法，来产生美感效果。如图 4.1-25 所示，黑色系的界面中用橙色、蓝色和暗红色进行调和，打破了呆板感，十分切合运动主题。

6. 节奏和韵律

节奏和韵律是指由于有规律地重复出现或有秩序的变化，从而激发人们的美感联想。人们创造一种具有条理性、重复性和连续性特征的美，称为韵律美。节奏和韵律在连续的形式中常会体现在由小变大、由长变短的一种秩序性的规律中。在设计中常用的处理方法是在一个面积上做渐增或渐减的变化，并使其变化有一定的秩序和比例，所以节奏、韵律与比例产生了一定的关联。其形式有如下几种。

1）重复

以一种或几种要素连续、重复地排列而形成各要素间保持恒定的距离和关系，如图 4.1-26 所示。

◎ 图 4.1-25　韩国 HEAD 气垫运动跑鞋产品的网站

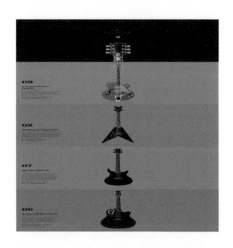

◎ 图 4.1-26　吉他的网页设计

2）渐变

连续的要素在某方面按某种秩序变化，如渐长或渐短、间距渐宽或渐窄等，显现出这种变化形式的节奏或韵律称为渐变，如图 4.1-27 所示。

3）交替

连续的要素按照一定规律时而增加时而减小，或按一定的规律交织穿插，节奏和韵律既可以加强整体的统一性，又可以获得丰富多彩的变化，如图 4.1-28 所示。

◎ 图 4.1-27　英国曼彻斯特 AHOY 的网页设计

◎ 图 4.1-28　某日本美容化妆品的网页设计

7. 量感

量感有两个方面，即物理量和心理量。物理量的绝对值是真实的大小、多少、轻重等。心理量是心理判断的结果，指形态、内心变化的形体表现给人造成的冲击力，是形态抽象物化的关键。创造良好的量感，可以给主题带来鲜活的生命力。

图 4.1-29 所示为采用物理量的页面（日本 Border 的网页）。

◎ 图 4.1-29　日本 Border 的网页

8. 空间感

空间感包括两个方面，即物理空间和心理空间。物理空间是实体所包围的、可测量的空间。心理空间来自对周围的扩张，是没有明确边界却可以感受到的空间。创造丰富的空间感可以加强主题的表现力。

例如，地图中所显示的空间就是可测量空间，人们可以通过目测得知距离的远近。

如图 4.1-30 所示，页面中的酒瓶、酒桶元素已经超出整个页面的边界，给人足够的想象力，丰富了整个页面的空间感。

◎ 图 4.1-30　法国普罗旺斯酒庄的网页设计

4.2　UI 设计中的文字设计

文字是页面设计中不可或缺的基本要素，其概念不仅仅局限于传达信息，文字与字体的处理更是一种提高设计品位的艺术表现手段。根据信息内容的主次关系，通过有效的视觉流程组织编排，精心处理文字和文字之间的视觉元素，不需要任何图形，同样可以设计出富有美感和形式感的成功作品。应该说文字的编排与设计是一个成功设计作品的关键所在。

在页面设计中，经常会出现一些问题，例如：

（1）字体样式太多，导致页面杂乱；

（2）使用的字体不易识别。

（3）字体样式或内容的气氛和规范不匹配。

那么怎样可以帮助我们避免出现这样的问题呢？

（1）设计经验可以帮助我们做出更好的版式。

（2）了解不同平台的常用字体设计规范。

（3）在每个项目设计中只使用 1~2 种字体样式，而在品牌自己有明确规范的情况下，只需要一种字体贯穿全文，通过对字体放大来强调重点文案，字体用得越多，越显得不够专业。

（4）不同样式的字体，形状或系列最好相同，以保证字体风格的一致性。

（5）字体与背景的层次要分明。

（6）确保字体样式与色调和气氛相匹配。

4.2.1　UI 设计中常用的字体

在不同平台的页面设计中规范的字体会有不同，像移动端页面的设计就会有固定的字体样式。网页设计中会常用如下几种字体。

1. 移动端常用的字体

1）iOS

常选择华文黑体或冬青黑体，尤其是冬青黑体效果最好，常用英文字体是 Helvetica 系列。在欧美平面设计界流传着这样一句话："无衬线字体的百年演变，其终极表现就是 Helvetica。"这句话虽然稍显夸张，但却恰如其分地表现出 Helvetica 的重要地位。作为瑞士的 Haas Foundry 公司在 20 世纪 50 年代推出的代表性字体，Helvetica 不仅是世界上使用范围最广的拉丁字母字体，而且在法律界、政治界、经济界发挥了微妙作用，成了超越平面设计本身的文化现象。

Helvetica 字体如图 4.2-1 所示。

◎ 图 4.2-1 Helvetica 字体

2）Android

英文字体：Roboto，一种无衬线字体系列，专门为 UI 和高清屏幕的需求而创造的；中文字体：Noto，是 Google 与 Adobe 联合发布的一款开源字体，有 7 种字体粗细，涵盖多种语言。以上两种字体如图 4.2-2 所示。

Roboto 字体

Noto 字体

◎ 图 4.2-2　Roboto 字体和 Noto 字体

2．电脑端常用的字体

1）微软雅黑／方正中黑

微软雅黑系列字体在网页设计中使用得非常频繁，这款字体无论是放大还是缩小，形体都非常规整舒服，如图 4.2-3 所示。在设计过程中建议多使用微软雅黑，大标题用加粗字体，正文用常规字体。

方正中黑系列字体如图 4.2-4 所示，字体笔画锐利而浑厚，一般应用在标题中。这种字体不适用于正文，因为其边缘相对比较复杂，文字一多就会影响用户的阅读。

◎ 图 4.2-3　微软雅黑系列字体 　　◎ 图 4.2-4　方正中黑系列字体

2）方正兰亭系列

兰亭系列字体有大黑、准黑、纤黑、超细黑等，如图 4.2-5 所示。因笔画清晰简洁，这个系列的字体足以满足排版设计的需要。通过对这个系列的不同字体进行组合，不仅能保证字体的统一感，还能很好地区分出文本的层次。

3）汉仪菱心简／造字工房力黑／造字工房劲黑

这几种字体有着共同的特点：字体有力而厚实，基本以直线和斜线为主，比较适合广告和专题使用。在使用这类字体时，我们可以使用字体倾斜的样式，让文字显得更有活力。如图 4.2-6 所示，汉仪菱心简和造字工房力黑在笔画、拐角的地方采用了圆和圆角，而且笔画也比较疏松，有些时尚而柔美的气氛；而造字工房劲黑字体相对更为厚重和方正，多用于大图中，效果比较突出。

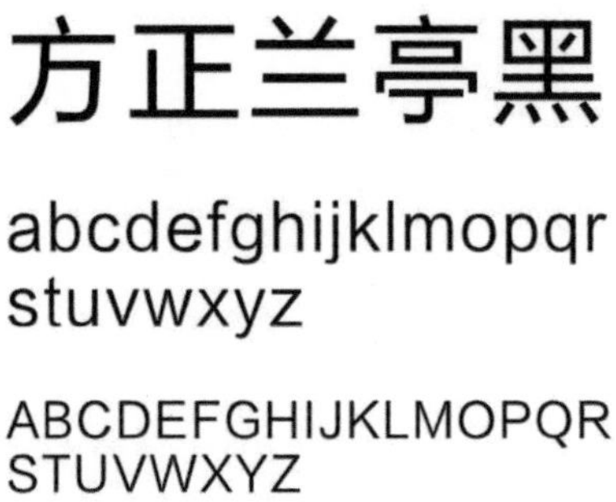

方正兰亭黑

abcdefghijklmopqr
stuvwxyz

ABCDEFGHIJKLMOPQR
STUVWXYZ

◎ 图 4.2-5　方正兰亭系列字体

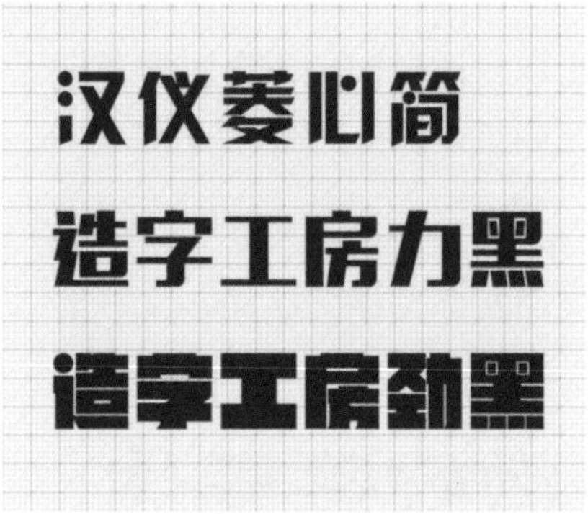

图 4.2-6　汉仪菱心简、造字工房力
黑、造字工房劲黑字体

4.2.2　具有视觉效果的 5 种字体

具有视觉效果的 5 种字体如图 4.2-7 所示。

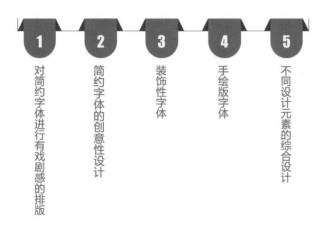

◎ 图 4.2-7　具有视觉效果的 5 种字体

具有视觉效果的 5 种字体：
（1）对简约字体进行有戏剧感的排版；
（2）简约字体的创意性设计；
（3）装饰性字体；
（4）手绘版字体；
（5）不同设计元素的综合设计。

1. 对简约字体进行有戏剧感的排版

简约的字体和动感的排版并不是互相排斥的存在。事实上，简约字体同样可以轻松创造强烈的戏剧感，只需要选择一款足够简约的字体，然后按照下面的方法来处理即可。

1）使用超大的字体尺寸

大字体能够传达足够有力的信息，尤其是与高清大图配合使用的时候；重点定义或观点在文章边侧单独列出。

2）文字色彩和背景构成对比

文本色彩通常会使用黑色或白色，而背景图片如果足够鲜艳就能构成对比。

3）采用大胆的样式

字体大小是控制视觉影响力的重要手段。在下面的案例中，设计师采用了更为极端的方式，使用超大的字体来承载主要文案，借助留白将文本孤立出来，以达到有效传递信息的目的。这样的设计足够简约，但充满了强烈的戏剧感。同时，清晰直白的设计让人印象深刻（见图 4.2-8）。

2. 简约字体的创意性设计

即使是最基础、最简单的字体也可以创造出令人难忘的体验，前提是需要采用实验性的、富有创意性的排版（见图 4.2-9）。

如果想要将信息大力传递出去，那就使用全部大写的文本，或者借用足够厚重的字体，而真正让人难忘的是足够富有创意的设计，例如，可以将字体和动效或视频结合起来使用。

◎ 图 4.2-8　清晰直白的设计让人印象深刻

◎ 图 4.2-9　对简约字体的创意性设计

3. 装饰性字体

　　各种稀奇古怪的装饰性字体，如果使用得当，能够让网页增色不少。这些字体可以调和网页的风格，营造氛围，强化品牌的气质。设计师挑选了合适的字体，再结合贴合品牌的文案和风格之后，可使整个体验达到协调甚至出彩的效果。

　　如图 4.2-10 所示，Maaemo 首页所采用的这套字体带有明显的现代几何风，字体的细节带有早期西文字体的原始风貌，与网页的神秘气息相得益彰。

◎ 图 4.2-10　Maaemo 首页的装饰性字体设计

再如图 4.2-11 所示，经过定制的字体错落而怪异，非常符合 Squarespace's Sleeping Tapes 阴森而黑暗的网页风格。

◎ 图 4.2-11　Squarespace's Sleeping Tapes 错落而怪异的字体

再如图 4.2-12 所示，HeadOfffice 的网页所采用的这套字体同样俏皮而独特，在绝大多数场景下，这套字体都显得过于特立独行，但是在这个页面上正好烘托出网页活力充沛而富有激情的特征。

从上面几个网页设计的案例中可以看到，装饰性字体始终和极简风格相互匹配。这不是巧合。装饰性字体能带来独特而有趣的风格，在极简风格的网页上，用户会更加轻松地注意到这些字体的存在，信息能更加有效地传递出去。

◎ 图 4.2-12　HeadOfffice 的网页采用俏皮而独特的字体

4．手绘版字体

在很长的一段时间内，手绘字体都是网页设计中的重要组成部分。有的设计师会倾向于逐个字母单独设计，创造出独一无二的手绘字体效果，不过更多的时候，设计师会选取一款成套的手绘风格字体作为基础来设计。如果挑选得当，手绘字体通常能够让整个设计显得更加优雅。独一无二的手绘字体还能强化页面的原创性，如图 4.2-13 所示，手绘字体成了品牌化设计强有力的工具，这些设计机构的首页本身所呈现的"艺术性"在很大程度上源于页面中独特的手绘字体。

◎ 图 4.2-13　手绘字体是品牌化设计强有力的工具

通过将字体和其他元素叠加到一起使用，创造出引人注目的视觉效果，是时下流行的一种营造视觉奇观的策略。

但需要注意的是，千万不要过度追求漂亮的效果而牺牲字体本身的可读性。为了防止潜在的视觉障碍，尽量不要将手绘字体置于复杂的图片背景之上，并且在辅助性的文本中，应采用识别度更高的字体。

5. 不同元素的综合设计

通过将字体和其他元素叠加到一起使用，创造出引人瞩目的视觉效果，是时下所流行的另外一种营造视觉奇观的策略。不过，在搭配其他元素的时候，一定要注意色彩、纹理和元素各方面的特征，以确保字体本身的识别度。

例如，可以让文本和多种不同的元素组合起来，如图 4.2-14 所示。

◎ 图 4.2-14　文本和多种不同元素的组合

可以让文本横跨不同的区域，如图 4.2-15 所示。

也可以打破排版规则，让文本和人物形象结合起来，如图 4.2-16 所示。

需要注意的是，无论怎么搭配，都需要让文本本身和其他元素具

◎ 图 4.2-15　文本横跨不同的区域

备明显的对比度，让它
足够易读。只有达到这
样的要求，才能让整个
体验足够顺畅，不至于
出现使用障碍。

◎ 图 4.2-16　文本和人物形象的结合

4.2.3　UI 设计中常用的字体字号

字号是表示字体大小的术语。常用的描述字体大小的单位有两个：
em 和 px。通常认为，em 是相对大小单位，px 是绝对大小单位。

px 为像素单位，10px 表示 10 个像素，常用来表示电子设备
中字体的大小；em 为相对大小单位，表示的字体大小不固定，根据
基础字体大小进行相应的处理。默认字体大小为 16px，如果对一段
文字指定 1em，那么表现出来的大小就是 16px，2em 的大小就是
32px。由于其具有相对性，所以在对跨平台设备的字体大小处理上有
很大优势，同时对于响应式的布局设计也有很大帮助；但缺点是，无
法看到实际的字体大小，具体大小，需要进行精确的计算。

1. 移动端常用的字号

导航主标题字号通常为 40~42px，其中的 40px 偏小，显得更
精致些（见图 4.2-17）。

在内文的展示中，大字字号
为 32px，副文为 26px，小字
为 20px。在内文的使用中，不
同类型的 App 会有所区别。像

◎ 图 4.2-17　导航主标题

新闻类或文字阅读类的 App 更注重文本的阅读便捷性，正文字号为 36px，可以选择性地加粗。

列表形式、工具化的 App 的正文字号普遍采用 32px，不加粗，副文案为 26px，小字为 20px，如图 4.2-18 所示。

26px 的字号还用于提示文案中的类别划分，如图 4.2-19 所示，字体设计师希望这样的文字能满足用户阅读所需，但不会比用于引导作用的主列表信息明显。

36px 的字号还经常运用在页面的大按钮中。为了区分按钮的层次，同时加强按钮的引导性，可选用稍大号的字体，如图 4.2-20 所示。

◎ 图 4.2-18　列表形式、工具化的 App 的正文字号普遍采用 32px

◎ 图 4.2-19　划分类别的提示文案通常用 26px 的字号

◎ 图 4.2-20　36px 的字号还经常运用在页面的大按钮中

2. 网页端常用的字号

网页中的文字字号一般采用宋体 12px 或 14px，大号字体用微软雅黑或黑体。大号字体是 18px、20px、26px、30px。

需要注意的是，在选用字号时一定要选择偶数的字号，因为在开发页面时，字号大小换算是要除以 2 的，另外单数的字号在显示的时候会有毛边。常用字号的大小基本就这几个，根据版式设计有时也需要采用异样大小的字号来特殊处理。

4.2.4　UI 设计中常用的字体颜色

页面中的文字分为主文、副文、提示文案三个层级。在白色的背景下，字体的颜色层次其实就是深黑色、深灰色、灰色，其色值如图 4.2-21 所示。

在页面中还经常会用到背景颜色 #EEEEEE，分割线则采用 #E5E5E5 或 #CCCCCC 的颜色值，如图 4.2-22 所示，可以根据不同的软件风格采用不同的深浅，由设计师自己把握。

◎ 图 4.2-21
常用的字体颜色

◎ 图 4.2-22
背景颜色及分割线颜色

4.2.5　UI 设计中字体的细节设计

1. 建立文字的视觉层级

设计师的一个主要职责就是将页面中的元素整合起来，以一种清晰可见的形式呈现给用户。当然，我们都知道一个页面中不同元素的重要性是不一样的，有优先级之分。文字也一样，有些文字比较重要，更希望用户看到；有些文字比较鸡肋，不希望用户看到。为了达到这个目的，可以给页面的文字建立视觉层级，将文字大致分为三类：主标题、次标题和正文。

1）主标题

主标题是对于整个页面内容的总结。合格的主标题，用户看一眼就知道这个页面的大致内容。主标题是用户进入页面第一眼就应该看到的文字。主标题所用字号要足够大，要加粗，这样才可以更好地吸引用户的注意力。此外，为了更好地节约用户时间，主标题应该简洁。根据 Jacob Nielsen 的一项研究表明，主标题 5~6 个单词（英文状态下）最合适，不要超过一句话的长度（见图 4.2-23）。

◎ 图 4.2-23　主标题是用户进入页面第一眼就应该看到的文字

虽然我们强调要突出主标题来吸引用户注意力，但是不要过度突出。因为用户对于具象元素（插画、icon、图像或摄影图等）的感知能力远比文字要强得多。如果我们想宣传一款产品，那么最好的方案就是直接给用户展示产品图片。文字和图片搭配使用的时候，文字起到的只是辅助说明的作用。我们不能过度放大主标题尺寸而对图片造成遮盖，这是本末倒置的。

2）次标题

将所有的信息都塞进主标题是不太现实的，这也是需要次标题的原因。次标题的要求和主标题类似，都要求文字简洁、概括性强。和主标题一样，次标题也要进行加粗处理，当然为了和主标题区分，字号要稍微小点（见图4.2-24）。

◎ 图 4.2-24　次标题的字体设计

3）正文

正文是提供详细说明和解释的文字，从页面层级的角度来说重要性要低于主标题和次标题。正文文字长度没有定论，有人认为长的文案可以给用户提供更为详细的信息，而且看起来更加正规严谨，但是也有人认为用户不喜欢阅读过长的文字。

（1）设备。短文案适用于移动端（见图4.2-25），移动端相对空间有限，文字太多会显得比较拥挤，在影响页面美观度的同时也会使用户的阅读体验变差。

长文案更适用于 PC 端（见图 4.2-26），PC 有足够的空间来展示特定内容的详细信息或用户不太熟悉的内容（需要用户仔细阅读）。

◎ 图 4.2-25　短文案适用于移动端　　◎ 图 4.2-26　长文案更适用于 PC 端

图 4.2-26 所示为一个家禽百科全书网页，这里面虽然包含大量的文字，但是设计师将文字在逻辑上分为许多简短而集中的文字块。这些文字块配以突出的标题和引人入胜的插图变得很有活力。这种设计模式打破了传统教育类网站沉闷的页面布局，更能吸引用户特别是青少年的注意力。

（2）产品定位。产品的定位对于正文文案的选用具有决定性意义。例如，要设计一个读书、旅行类偏文艺小众的页面，正文文案要足够短，页面中要有大量留白，这样会给用户一种透气、从容、开放、平静、自由的感觉，而这些感觉是与产品的风格相契合的。相反，如果这类页面中的元素都挤在一起，就会导致视觉压力大，引发用户紧张。当然，并不是所有拥挤的页面设计都会引发紧张情绪，如果文字和页面中其他元素之间的空间处理得合适，行间距留得足够大，则可以做到在保证内容可读性的同时保留页面的"呼吸感"，如图 4.2-27 所示。

2. 使用行为召唤元素

想让设计出来的页面不那么死板，具有可交互性，就要学会使用行为召唤元素。当然，一些行为召唤元素不需要文字也可以完成，比如，接电话的按钮或短信提示，都是使用图标来完成的。但是在一些特殊情况下，内容过于抽象无法用图标来诠释的时候，应该使用文字，如图 4.2-28 所示。

◎ 图 4.2-27　在保证内容可读性的同时要保留页面的"呼吸感"

◎ 图 4.2-28　使用文字作为行为召唤元素

　　行为召唤元素对于文字长度的要求极其严苛，最好是一个单词或 2~4 个单词组成的短语（英文状态下）。

4.3　UI 设计中的图片设计

4.3.1　图片的位置设计

　　在遵循形式美的法则和达到视觉传达最佳效果的前提下，图片在页面上放置的位置是不受任何局限的，但它的位置直接关系到版面的构图和布局。支配版面的四角和中轴是版面的重要位置，在这些点上恰到好处地安排图片，可以相对容易地达到平衡而又不失变化，在视觉的冲击力上产生良好的效果。

（1）扩大图片的面积，能提高页面整体的震撼力（见图4.3-1）。

（2）在对角线上安置图片要素（见图4.3-2），可以支配整个页面的空间，能起到相互呼应的作用，具有平衡性。

◎ 图4.3-1　扩大图片的面积

（3）把不同尺寸的图片按秩序编排，显得理性且有说服力，如图4.3-3所示。

◎ 图4.3-2　在对角线上安置
图片要素

◎ 图4.3-3　把不同尺寸的图片按秩序编排

4.3.2　图片的数量安排

图片的数量首先要根据内容的要求而定，图片的多少可能影响用

图片的数量首先要根据内容的要求而定，图片的多少可能影响用户的阅读兴趣，适量的图片可以使版面丰富，活跃文字单一的版面气氛。

户的阅读兴趣，适量的图片可以使版面丰富，活跃文字单一的版面气氛。在需要多图片的情况下，可以通过均衡或错落有致的排列，形成层次，并根据版面内容来精心安排，有的现代设计采取将图片精简并缩小的方式留下大量空白，以取得简洁、明快的视觉效果。

（1）多张图片等量地安排在一个版面上，使用户一目了然地浏览众多内容，如图 4.3-4 所示。

◎ 图 4.3-4　多张图片等量地排在一个版面

（2）将同样大小的多张图片，采用叠加的方式进行组合，如图 4.3-5 所示。这种方式可为设计带来层次感。

（3）精美、独特、单一的图片编排形式，能使版面有视线集中感，并且

◎ 图 4.3-5　采用叠加方式

版面构成的基本原则：大小与主次得当的穿插组合，能使版面具有层次感。

给读者带来高雅、稳健的视觉感受，如图 4.3-6 所示。

◎ 图 4.3-6　精美、独特、单一的图片编排形式

4.3.3　图片的面积设置

图片面积的大小直接影响版面的视觉效果和情感传达，大图片一般用来反映具有个性特征的物品，以及物体的局部细节，使其能吸引读者的注意力，而将从属的图片缩小形成主次分明的格局。大图片感染力强，小图片则显得简洁精致。大小与主次得当的穿插组合，能使版面具有层次感，这是版面构成的基本原则（见图 4.3-7）。

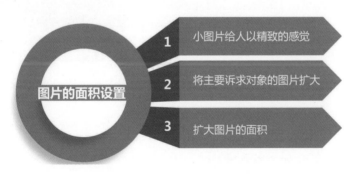

图片的面积设置

1　小图片给人以精致的感觉

2　将主要诉求对象的图片扩大

3　扩大图片的面积

◎ 图 4.3-7　图片的面积设置

（1）小图片给人以精致的感觉，图片的大小编排变化丰富了版面的层次，如图 4.3-8 所示。

（2）将主要诉求对象的图片扩大，如图 4.3-9 所示，能在瞬间传达其内涵，渲染一种平和的、直接的诉求方式。

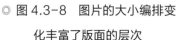

◎ 图 4.3-8　图片的大小编排变化丰富了版面的层次

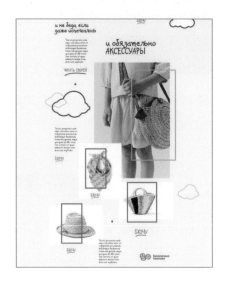

◎ 图 4.3-9　将主要诉求对象的图片扩大

（3）扩大图片的面积，并将文字缩小，如图 4.3-10 所示，因此产生强烈的对比度，从而加强对视觉的震撼力。

4.3.4　不同图片的组合应用

图片的组合有块状组合和散点组合两种基本形式（见图 4.3-11）。

◎ 图 4.3-10　扩大图片的面积

（1）块状组合。块状组合是将多幅图片通过水平线、垂直线分割后，整齐、有序地排列成块状，使其具有严肃感、理性感、整体感和秩序感等；或者根据内容的需要分类叠放，并具有活泼、轻快同时不失整体感的特点。

图片组合的两种
基本形式：块状组合
和散点组合。

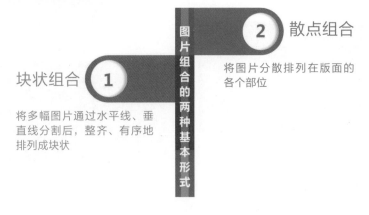

◎ 图4.3-11　图片组合的两种基本形式

（2）散点组合。散点组合是将图片分散排列在版面的各个部位，使版面充满自由、轻快的感觉。这种排列方法应注意图片的大小、位置、外形之间的相互关系，在疏密、均衡、视觉方向等方面要做充分考虑，否则会使人有杂乱无序的感觉。

下面对两种组合方式具体介绍如下：

（1）将不同大小的图片有机地构成一种块状，使之成为一个整体，如图4.3-12所示。

（2）图片自由安排，具有轻松、活泼的特点，在编排中隐含视

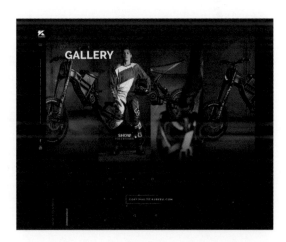

◎ 图4.3-12　国外某山地车的网页设计

觉流程线，使编排构成散而不乱，如图4.3-13所示。

（3）几张相同大小的照片均衡地编排，其中一张突破秩序，产生一种特异的效果，活跃了整个版面，如图4.3-14所示。

◎ 图4.3-13 国外某餐厅的网页   ◎ 图4.3-14 Red Collar 设计
　　　　　设计　　　　　　　　　　　　　　　团队的网页设计

4.3.5 图片与文字的组合应用

文字与图形叠加，文字围绕图形的外轮廓进行编排，以加强视觉的冲击力，烘托页面的气氛，使文字排序生动有趣，给人以亲切、生动、平和的感觉（见图4.3-15）。

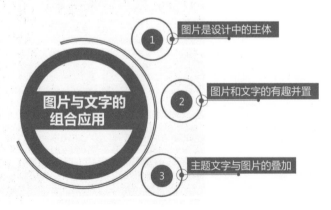

◎ 图4.3-15 图片与文字的组合应用

（1）如图 4.3-16 所示的页面中，图片在设计中成为主体，在图片边缘适当位置对文字加以精心编排。

（2）图片和文字有趣并置，图片上的文字小心翼翼地摆放，目的是避免破坏图片的整体形象，如图 4.3-17 所示。

◎ 图 4.3-17　Lordz Dance Academy 的网页设计

◎ 图 4.3-16　国外某餐厅的网页设计

（3）将主题文字的一部分叠加在图片上，但又不影响文字的可读性，其他文字采用左对齐或右对齐的编排方式，使设计既有秩序又富有变化，如图 4.3-18 所示。

◎ 图 4.3-18　国外某餐厅的网页设计

4.4　UI 设计中的信息图形设计

人在喝完可乐后的一小时内会有什么反应？高速发展的中国互联网在一分钟内会发生些什么事情？美国大选，特朗普的支持率到底有多少？信息图形带你一分钟搞懂这些事！随着经济技术的发展，信息

信息图形设计的定义：针对内容复杂、难以描述的信息进行充分地理解、提炼、整理、分类，并通过设计将其视觉化，通过图形简单清晰地向用户以更为直观的形式展示。

化、科技化速度越来越快，信息量不断增加，使我们对于信息的整理与识别要求也越来越高。繁忙的工作生活下，如何让信息更为直观地提供给用户，信息图形设计在这种环境下应运而生。

信息图形设计就是针对内容复杂、难以描述的信息进行充分的理解、提炼、整理、分类，并通过设计将其视觉化，以更为直观的形式通过图形简单、清晰地向用户展示。

信息图形最初用于报纸、杂志、新闻等媒体刊登的一般图解。图解一词在国内外使用了多年，其只是为了充分利用信息而将这些信息进行功能性整理。有时候，信息图形也会运用符合各种文化习惯的比喻等手法，以不同的形式来表达。这种信息图形能使用户有惊喜感，也更容易理解，印象深刻。信息图形设计不仅从功能上满足人们对于信息的直观了解，而且从感官上带给人们更多的视觉享受。

4.4.1　信息图形设计的作用

信息图形设计的作用如图 4.4-1 所示。

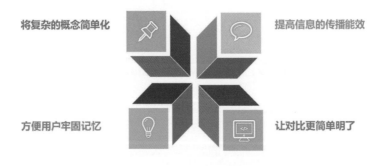

◎ 图 4.4-1　信息图形设计的作用

信息图形设计的 4 个作用：
（1）将复杂的概念简单化；
（2）方便用户牢固记忆；
（3）提高信息的传播能效；
（4）让对比更简单明了。

1. 将复杂的概念简单化

面对复杂的事物，如何快速了解它到底是什么，有什么用？图形能让人快速理解信息，专注于信息结论，从而获得更轻松、更聚焦的阅读体验（见图4.4-2）。

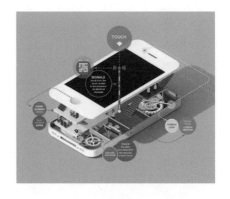

◎ 图 4.4-2　信息图形可用来简化复杂的概念

2. 方便用户牢固记忆

相比于文字，人们能够在同等时间内记住更多信息图中的内容。如图 4.4-3 所示的禁止游泳的图形和两行文字，很明显，通过图形获取信息的速度快于文字，而且图形的颜色很直观地传达了危险信号。

◎ 图 4.4-3　图形比文字能让用户记得更牢固

3. 提高信息的传播能效

一张信息图相当于一张创意海报，收藏、转发都是很方便的事情，在手机、计算机、易拉宝等地方都能清晰展示（见图 4.4-4）。

4. 让对比更简单明了

这个事物和那个事物有多大区别？一条条的文字说明看起来太麻烦，来张图吧，简单明了得多（见图 4.4-5）。

◎ 图 4.4-4　图形具有易传播的特性

◎ 图 4.4-5　图形比文字说明
表达更清晰

4.4.2　信息图形的类别

　　根据木村博之的定义，从视觉表现形式的角度，将"信息图形"的呈现方式分为六大类：图解（Diagram）、图表（Chart）、表格（Table）、统计图（Graph）、地图（Map)、图形符号（Pictogram）（见图 4.4-6）。

◎ 图 4.4-6　信息图形的呈现方式

信息图形的 6 种呈现方式：图解、图表、表格、统计图、地图、图形符号。

1. 图解

这种方式主要运用插图对事物进行说明。

有些东西仅靠语言是无法有效传递的，但是通过图解就能很好地传达你所想要表达的信息。如图 4.4-7 所示是一张健身动作图解，共有 48 种健身动作，分别对每个健身动作进行说明。没有繁杂的文字解释，直接用图解表示，直观明了。

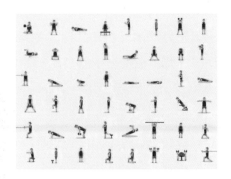

◎ 图 4.4-7　健身动作图解

2. 图表

这种方式运用图形、线条及插图等，阐述事物的相互关系。

图表是指将复杂的信息进行整理，使之一目了然的表现形式。其运用线条连接或区分事物，利用箭头指示方向，将事物之间的关系表达得足够清晰。流程图就是典型的图表。

图 4.4-8 所示是一张胎儿成形发育图，巧妙地运用了图形变化和线条的顺时针转动向我们展示了整个过程。

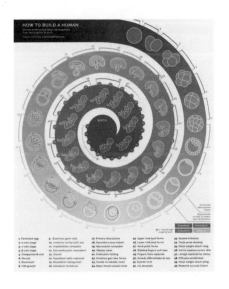

◎ 图 4.4-8　胎儿成形发育图

3. 表格

表格是指按照一定的标准、规则设置纵轴与横轴，将数据进行罗列的表现形式。

4. 统计图

统计图是指通过数值来表示变化趋势或进行比较的形式。

常用的统计图有 3 种，根据主要功能，可以将其分为两大类：第一类是为了体现变化或比较关系的柱状图及折线图；第二类是用于体现某种要素在整体中所占比例的饼图。

图 4.4-9 所示为某活动页面的信息图形展示，从这些柱状图和折线图中，可以看到通过这个活动页，用户从参与、领取优惠券、下单到成功支付的比例，以及订单的金额和新用户的参与情况。

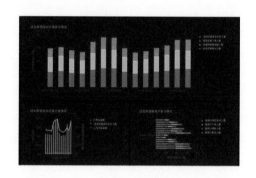

◎ 图 4.4-9　某活动页面的信息图形展示

5. 地图

地图用来描述在特定区域和空间里的位置关系。

将真实的世界转换为平面，在此过程中必然要将一些东西略去。实际上，说"省略"是地图上最关键的词也不为过。无论是哪种信息地图，最重要的是让用户找到想要看到的信息。信息地图也可分为两大类：第一类是指将整个区域的布局或结构完整呈现的地图；第二类是指将特定对象突出显示的地图。

6. 图形符号

图形符号是指利用图形，通过易于理解、与人直觉相符的形式传达信息的一种方式。在街上、商场、机场、医院经常可以看到图形符号，这些图形符号中有些是指示方向的标记，有些是安全出口之类的标记（见图 4.4-10）。图形符号的设计原则是尽可能不使用文字，避免语言不通而造成困扰，图形要易懂。

◎ 图 4.4-10　洗手间的图形符号

索绪尔的研究方法是围绕能指和所指两个侧面展开的二元化，皮尔斯则采用的是三元化的研究方法。他认为，符号学含有符号、客观对象、解释三项，触及了索绪尔没有涉及的部分。皮尔斯是美国的实用主义哲学家，他的符号学理论建立在对意义、表征、符号概念的逻辑学研究基础之上，概括起来为 3 种范畴：设计感觉质、人的经验、思维 3 个层面，即媒介物、对象指涉、解释三要素构成的三角关系。他的理论具有普适性，适用于任何领域，被称为"广义符号学"。听到最多的要数对象关联层下的 3 个下位符号：图像符号、标识符号和象征符号。

1）图像符号

图像符号通过对对象的写实或模仿来表征，建立在相似性基础上，有明显的可感知特性。比如，计算机操作系统中的回收站用垃圾桶来表达；用折了角的纸代表文档；文件夹的含义直接采用文件夹工具图

图像符号通过对对象的写实或模仿来表征，建立在相似性基础上，有明显的可感知特性。

标识符号则不像图形符号那样直接描摹对象事物的形态，它与表征对象存在因果或接近的逻辑性联系。

标来表征（见图 4.4-11）。图像符号的设计给用户在使用认知过程中带来愉悦感，一方面形态语义比较直观、易懂；另一方面在身处非物质化时代，对虚拟世界的认知能立刻联想到现实中的物理世界，这也是为什么如今的图形界面中越来越多地呈现出"拟物化"设计。

（a）回收站图标

（b）文件夹图标

（c）文档图标

◎ 图 4.4-11 图像符号

2）标识符号

标识符号则不像图形符号那样直接描摹对象事物的形态，它与表征对象存在因果或接近的逻辑性联系。人们在日常生活中最为常见的是公共导向中的指示符号，鉴于导向系统中的建筑物出口处通常用"门"这个图形概念来表征，所以沿用到图形用户界面中网站的首页，通常采用小房子图形来表征用户的浏览步骤一直退后到当前网站的"家门口"，即首页，如图 4.4-12 所示。而图形用户界面中还大量运用了上、下、左、右不同方向，直线形或曲线形的箭头都来自传统的公共导向系统，包括界面中常用的"刷新"图标，源于国际环保组织统一认证标识中的"循环利用回收"标识。

除此之外，导航、菜单、搜索等交互控件的链接节点也都是标识符号。

象征符号则与所表征的对象没有相似性或直接联系，它是庞大图形符号中最为抽象含蓄的表意符号。它所指涉的对象与本身没有造型上的相似或关联，而是在性质上有相似之处；它是群体在长期劳动实践中形成的约定俗成的表征方式。

（a）首页图标　　（b）方向图标　　　　（c）"刷新"图标

◎ 图 4.4-12　标识符号

3）象征符号

象征符号则与所表征的对象没有相似性或直接联系，它是庞大图形符号中最为抽象含蓄的表意符号。它所指涉的对象与本身没有造型上的相似或关联，而是在性质上有相似之处；它是群体在长期劳动实践中形成的约定俗成的表征方式。例如，公司标识、文字、数字、颜色、姿势、旗帜、宗教形象，这些带有浓烈社会文化背景的符号都属于象征符号。例如，最早出现于微软 XP 操作系统中的共享图标用一个托手的形态来表征，至今沿用于其他界面媒介共享语义的图标中；竖起大拇指在网页中表征"支持"的语义，这些属于手势象征符号范畴；代表产品或公司企业形象的 logo，通常作为其网站导航栏上的"首页"图标，这也是作为象征符号的用法（见图 4.4-13）。

（a）"分享"图标　　（b）"支持"图标　　　　（c）品牌 logo

◎ 图 4.4-13　象征符号

> 优质信息图形设计的五大特点：（1）吸引用户眼球；（2）传达清晰准确；（3）信息精简易懂；（4）遵循视线规律；（5）图好于文字。

在图形用户界面中采用象征符号的情况下，尤其需要谨慎对待，因为由于各个民族具有自己群体的共识符号，所以不利于跨国界交流。我们提倡在本地化的语境中强调民族化的元素符号，而在全球化的语境中仍然需遵循跨地域跨文化的符号运用准则，甚至是同一地域中的文化在不同时期也会出现特有符号意义的变化。

4.4.3　优质信息图形设计应具备的特点

优质信息图形设计具有如图 4.4-14 所示的五大特点。

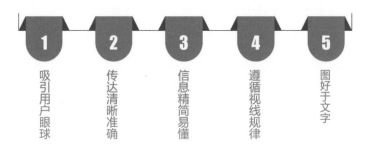

◎ 图 4.4-14　优质信息图形设计的五大特点

1. 吸引用户眼球

庞大的信息量充斥我们的生活，如果一张信息图的设计没有特色，很快就会被淹没。因此，不论是结构，还是趣味性，抑或是色彩冲击力，一定要有足够吸引人的地方，首先让用户产生兴趣。不管展示什么样的信息内容，都要加入一些让人耳目一新的元素。

但需要注意的是，刻意追求不同也是不可取的。

图 4.4-15 所示为 Veggie Shop App 界面设计。干净利落的网格、清新淡雅的配色、疏密讲究的字体及卡通画的蔬果形象给人以舒适、亲切、健康的感觉，使人愿意更加深入地了解与接受界面所传达的信息。

◎ 图 4.4-15　Veggie Shop App 界面设计

2. 传达清晰准确

想要传达给用户的内容还没有在大脑里好好思考就急于去设计，其结果就像一个人说话文不对题一样。用户遇到这种设计的时候，很难从中提取到有效信息。设计的重心不明确，就会显得摇摆不定，注定做不出好的图形。因此在信息图形设计中，要学会取舍，要给用户传达一个最想要传达的主题，然后将这个主题巧妙地表现出来。

2016 年 11 月，KANTAR MEDIA CIC 在上海发布了"60 秒看中国社会化媒体表现"信息图（见图 4.4-16）。该信息图提供了直观、全面的中国社会化媒体表现，帮助客户更好地了解中国社会化媒体平台每天产生的数以亿万计的数据 。

◎ 图 4.4-16　KANTAR MEDIA CIC 在上海发布的 "60 秒看中国社会化媒体表现"信息图

3. 信息精简易懂

根据概念推敲创意时，其要点在于要从庞大的信息量中将真正必要的信息甄选出来。所谓"真正必要的信息"指的是那些能用最少的信息使效果最大化的内容。好的设计，读者只需扫一眼就能知道其主旨是什么。因此，我们要有快速从信息中抓取最有价值元素的能力。

简化也不单单只是对信息内容进行简化，表现手法也可简化。如图 4.4-17 所示，通过一杯咖啡的图形样式，不但能直观地表现不同种类咖啡的组成成分，而且各成分之间的比例关系也一目了然。

4. 遵循视线规律

这一点要求我们注意视线的移动规律。比如，对于横向排版的信息，人们一般会首先注意左上角。因此，标题通常放在这个位置。看过左上角之后，用户的视线会往右下方移动（见图 4.4-18）。我们在排版布局的时候，应该遵循视线的移动规律，人眼在观察物体的时候，目光不会只聚焦在一点上，而是会覆盖焦点周边的一片区域。把时间的流逝感和视线的移动相结合，就能产生更好的效果。

◎ 图 4.4-17　通过一杯咖啡的
图形样式说明咖啡种类

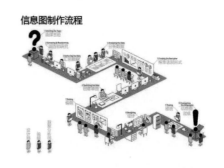

◎ 图 4.4-18　信息图制作流程

5. 图好于文字

一幅信息图即使很少或没有文字信息，其内涵也能被用户充分理解，这才是理想的信息图，这张图在全世界范围内使用，也不会有什么问题。因此，我们在进行信息图的设计过程中，不采用大篇幅的文字，而是尽量使用图形。在信息图设计中，确保在语言不通的情况下也能让读者无误地理解其中的内容，文字信息很少，却能很清楚地传达信息，这是信息图形设计所要追求的目标。

在信息图的制作过程中，设计只是其中的一个环节，清晰、明了地传达主题才是设计的核心内容，掌握这些技巧是为了实现这个最终目标。信息图形的设计也并不是随意而为的，它是一个循序渐进的过程，主导设计全程的并非只是美感和创意，而应该是理性思维。因为设计是要为信息服务的，所以首先要确保信息更为明确、有效地为人们所接受，在这个基础上，再去追求美感和创意。

4.5 UI 设计中的色彩设计

色彩感觉信息的传输途径是光源、彩色物体、眼睛和大脑，也就是人们色彩感觉形成的 4 个要素。这 4 个要素不仅使人产生色彩感觉，也是人能正确判断色彩的条件。在这 4 个要素中，如果有一个要素不确定或在观察中有变化，就不能正确地判断颜色及颜色产生的效果。因此，当我们在认识色彩时并不是在看物体本身的色彩属性，而是将物体反射的光以色彩的形式进行感知（见图 4.5-1）。

色彩可分为无彩色和有彩色两大类。对消色物体来说，由于对入

◎ 图 4.5-1 人对色彩的感知过程

射光线进行等比例地非选择吸收和反（透）射，所以消色物体无色相之分，只有反（透）射率大小，即明度的区别。明度最高的是白色，明度最低的是黑色，黑色和白色属于无彩色。在有彩色中，红、橙、黄、绿、蓝、紫六种标准色的明度是有差异的。黄色的明度仅次于白色，紫色的明度和黑色相近。如图 4.5-2 所示为可见光光谱线。

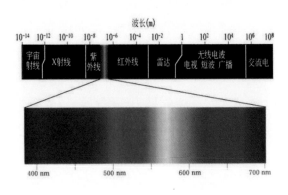

◎ 图 4.5-2　可见光光谱线

现代科学研究表明，一个正常人从外界接收的信息 90% 以上是由视觉器官输入大脑的，来自外界的一切视觉形象，如物体的形状、空间位置等，都是通过色彩区别和明暗关系得到反映的，对色彩的感受往往是视觉的第一印象。人们对色彩的审美往往成为设计、美化的前提，正如马克思所说："色彩的感觉是一般美感中最大众化的形式。"近年来，UI 设计备受设计行业瞩目，无论是在 PC 端还是在移动端，都大放异彩。同样，色彩在 UI 设计中也有着较大的意义。

4.5.1　色彩在 UI 设计中的作用

在 UI 界面设计中，掌握好色彩是设计的关键环节，也是塑造产品形象的一个重要方面，同时色彩搭配效果的好坏直接决定设计的成败。色彩在 UI 设计中有着相当特殊的用户体验诉求力，它以最直接、快捷的方式让人形成一种视觉感官反应。用户对于 UI 设计的印象在很大程度上是通过色彩获取的，因此强调色彩在 UI 设计中的作用可以增强设计的表现力（见图 4.5-3）。

用色彩来建立层级的步骤：
（1）确定主色；
（2）确定辅助色。

◎ 图 4.5-3　色彩在 UI 设计中的作用

1. 用于区分层级

不管是在 UI 设计中还是在其他平面设计中，层级均是非常重要的一个环节。视觉层级手法主要有以下几种元素，在实际设计中为了让效果拉开主次，可能会同时使用多种方法以达到更好的效果，如位置、大小、距离、内容形式、色彩等。

如何用色彩来建立层级呢？

1）确定主色

确定主色的因素有很多，如行业属性、企业色、个人偏好、色彩心理作用等。不管最终以何种方式来做，都必须要先确定出主色。

如图 4.5-4 所示是谷歌官方推荐颜色部分展示。谷歌推出了一套配色体系，当设计师没有任何灵感、方案时，可以使用谷歌的配色。

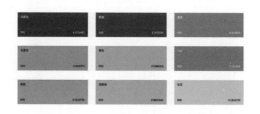

◎ 图 4.5-4　谷歌官方推荐颜色部分展示

辅助色适用于：
（1）按钮、浮动动作按钮和按钮文字；
（2）文本字段、光标和文本选择；
（3）进度栏； （4）选择控件、按钮和滑块；
（5）链接； （6）标题。

确定主色后，根据应用的不同场景，还需要设置主色体系的色彩，可以根据透明度的变化来设置。如图 4.5-5 所示是一款谷歌配色方案网站。

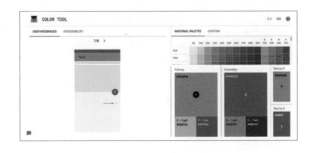

◎ 图 4.5-5　一款谷歌配色方案网站

2）确定辅助色

主色是指应用程序中最常出现的颜色。辅助色是指用来强调自己的 UI 关键部分的颜色。辅助色可以是主色的互补色或类似色，但不应该只是主色调简单地变淡或加重。它应该与周围的元素形成对比，并谨慎应用（见图 4.5-6）。

是否使用辅助色是可选择的。如果你使用主色的变体来强调元素，则辅助色不是必需的（见图 4.5-7）。

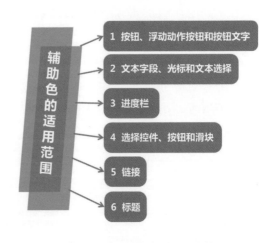

◎ 图 4.5-6　辅助色的适用范围

这种配色方案具有这种
颜色的主色，较浅和较
暗的颜色，以及辅助色。

在使用主色的区域下
方，相关信息用较淡版
本的主色着色。浮动动
作按钮使用辅助颜色加
以突出。

◎ 图 4.5-7　使用主色的变体来强调元素时，辅助色不是必需的

因此，可以利用不同的色相来区分层级。色相相同的颜色，我们
也可以根据明度来区分层级。

2. 用于功能指示

功能指示主要包括功能跳转指示、获取焦点指示、可操作指示和
不可操作指示。

1）功能跳转指示

功能跳转在 UI、交
互设计中是一个很重要
的指示，要让用户使用
你的产品，而不会感到
迷茫。除了用箭头、文
字提示、按钮等来指示
功能跳转，还可以用颜
色来指示（见图 4.5-8），
当然很多情况下颜色是

用主要颜色来指示选
中按钮和复选框。

用辅助颜色来指示典型
元素，如按钮和链接。

◎ 图 4.5-8　利用颜色进行功能跳转指示

与文字、按钮结合使用的。通常用辅助色来指代文字可操作，如图 4.5-8 中右图的文字链接。同样，我们经常可以在微信朋友圈、QQ 空间、微博中看到文字链接提示。

获取焦点1   获取焦点2

2）获取焦点指示

通常在输入文字的时候会用到获取焦点，常用的是光标闪动，

◎ 图 4.5-9　利用颜色获取焦点

也会经常见到正在输入的输入框颜色与其他不同（见图 4.5-9）。在 PC 上该方式用得较多。

3）可操作指示

按钮颜色呈现醒目的亮色，或者当光标放置在上面时，显示出可进行下一步操作的对话框或引导词。

4）不可操作指示

不可操作指示常见于按钮，通常用灰色显示（见图 4.5-10）。

3. 信息类别的指代

色彩的信息传达能力是非常强的，如十字路口的红绿灯，人们已经形成了

◎ 图 4.5-10　不可操作指示

认知习惯，看到灯就知道其所表达的意思。在 UI 设计中也是同样的，通常我们会用颜色和文字来区分不同的状态。一般警告就会用红色或黄色来指示，成功则用绿色来指示。不可用或弱提示文字就会用和背景对比度较小的颜色（见图 4.5-11）。

此款 App 中的房源特色标签,通过文字和颜色的结合来指代房源不同的特点

用红色指示电话输入错误

◎ 图 4.5-11　用颜色进行信息类别指代

4.5.2　色彩三要素

人的肉眼可以分辨的颜色多达一千多种,但若要细分差别却十分困难。因此,色彩学家将色彩的名称用它的不同属性来表示,以区别色彩的不同。用"明度""色相""纯度"来描述色彩,并且更准确、更真实地概括了色彩。在进行色彩搭配时,参照三个基本属性的具体取值来对色彩属性进行调整,是一种稳妥和准确的方式。

1. 明度

明度是指色彩的明暗程度,即色彩的亮度、深浅程度(见图4.5-12)。谈到明度,应从无彩色入手,因为无彩色只有一维,比较好分辨。最亮为白,最暗为黑,以及黑白之间不同程度的灰,都是具有明暗强度的表现。若按一定的间隔划分,就构成明暗尺度。有彩色既靠自身所具有的明度值,也靠加减灰、白来调节明暗。例如,白色颜料属于反射率相当高的物体，在其他颜料中混入白色，可以提高混合色的反射率，即提高了混合色的明度。混入的白色越多，明度提高得越多。相反，黑颜料属于反射率极低的物体，在其他颜料中混入黑色越多，明度就越低。

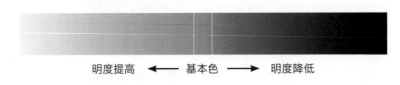

明度提高 ◀━━━ 基本色 ━━━▶ 明度降低

◎ 图 4.5-12　色彩的明度

明度在三要素中具有较强的独立性，它可以不带任何色相的特征而通过黑、白、灰的关系单独呈现出来。色相与纯度则必须依赖一定的明暗才能显现，色彩一旦发生，明暗关系就会同时出现，在绘制一幅素描画的过程中，需要把对象的有彩色关系抽象为明暗色调，这就需要有对明暗的敏锐判断力。

2. 色相

有彩色就是指包含彩调，即红、黄、蓝等几个色族，这些色族称为色相。

色彩像音乐一样，是一种感觉。音乐需要依赖音阶来保持秩序而形成一个体系。同样的，色彩的三属性如同音乐中的音阶一样，可以利用它们来维持繁多色彩之间的秩序，形成一个既容易理解又方便使用的色彩体系，所有的色可排成一个环形。这种色相的环状排列叫作"色相环"，在进行配色时可以说是非常方便的图形，从中可以了解两色彩间有多少间隔。

红、橙、黄、绿、蓝、紫为基本色相。在各个色相中间加插一两个中间色，按光谱顺序为红、橙红、黄橙、黄、黄绿、绿、绿蓝、蓝绿、蓝、蓝紫、紫、红紫。这12色相的彩调变化在光谱色感上是均匀的。如果进一步再找出其中间色，便可以得到24个色相。在色相环的圆圈里，各彩调按不同角度排列，则12色相环每一色相间距为30度。24色相环的每一色相间距为15度（见图4.5-13）。

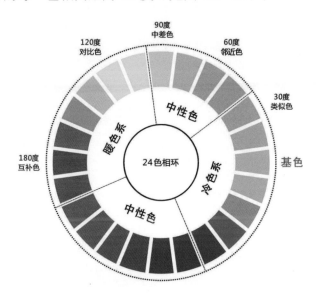

◎ 图4.5-13　24色相环

3. 纯度

色彩的纯度是指色彩的鲜艳程度。我们的视觉能辨认出的有色相感的色都具有一定程度的鲜艳度。所有色彩都由红（玫瑰红）色、黄色、蓝（青）色三原色组成，原色的纯度最高，色彩纯度是指原色在色彩中的百分比。

4 种降低色彩纯度的方法：加白、加黑、加灰、加互补色。

色彩可以由如图 4.5-14 所示的 4 种方法降低其纯度。

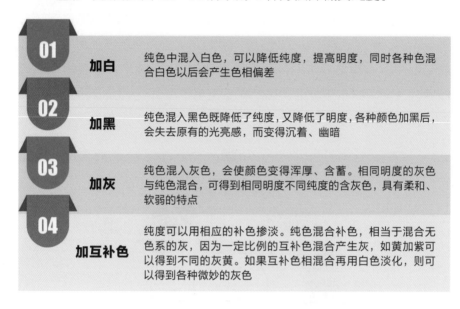

01 加白	纯色中混入白色，可以降低纯度，提高明度，同时各种色混合白色以后会产生色相偏差
02 加黑	纯色混入黑色既降低了纯度，又降低了明度，各种颜色加黑后，会失去原有的光亮感，而变得沉着、幽暗
03 加灰	纯色混入灰色，会使颜色变得浑厚、含蓄。相同明度的灰色与纯色混合，可得到相同明度不同纯度的含灰色，具有柔和、软弱的特点
04 加互补色	纯度可以用相应的补色掺淡。纯色混合补色，相当于混合无色系的灰，因为一定比例的互补色混合产生灰，如黄加紫可以得到不同的灰黄。如果互补色相混合再用白色淡化，则可以得到各种微妙的灰色

◎ 图 4.5-14　降低色彩纯度的 4 种方法

4.5.3　色彩的情感

色彩的情感体现如图 4.5-15 所示。

1. 红色

红色是视觉效果最强烈的颜色之一，其饱和度能加强脉搏的跳动，代表着喜庆、

色彩的情感体现		
1	红色——危险，重要，激情	
2	橙色——自信、能量、乐观	
3	黄色——阳光，幸福，注意	
4	蓝色——舒适，放松，信任	
5	绿色——自然、生长、成功	
6	紫色——豪华，灵性，创造性	
7	黑色——力量，优雅，精致	
8	白色——健康，纯洁，高尚	
9	灰色——正直，中性，专业	

◎ 图 4.5-15　色彩的情感体现

兴旺、性感、热烈的感受。

红色还代表着精力充沛，能够引起冲动，也是速度与力量的象征。Netflix 和 Youtube 都采用红色作为主色调（见图 4.5-16）。

红色能引人注意，它是非常具有性格的色彩，就像颁奖典礼现场的红地毯，它代表着走红毯的名人和明星的重要性。红色运用在网页中，则意味着这个元素是最重要的，且值得重视和注意。

◎ 图 4.5-16　Netflix 和 Youtube 都采用红色作为主色调

2. 橙色

橙色同样是非常鲜艳的色彩，它和红色有着许多共通的地方，但是相对而言程度较低。它没有红色那么强烈的侵略性，但同样有着精力充沛的含义，可以营造出积极向上的情绪和氛围。

就像红色一样，橙色同样具备很高的识别度，能够强烈地吸引用户的注意力，高亮特定元素的作用。另外，一些研究表明，橙色还能传递出"便宜"的含义，这也是为什么许多电商网站和 App 会倾向于将购物车和与购买相关的链接标识为橙色。如图 4.5-17 所示，Hipmunk 中的橙色按钮非常吸睛。

◎ 图 4.5-17　Hipmunk 中的橙色按钮非常吸睛

3. 黄色

黄色是非常有意思的色彩，它同时具备幸福和焦虑两种特性。在设计中，黄色非常容易引起注意，所以它也是日常生活中近视标识的常用色。尽管它在警示效果上不如红色强烈，但是依然给人传递出危险的感觉。当黄色与黑色搭配起来的时候，可以获得更多的关注。著名的纽约出租车网页采用的就是这样的设计（见图4.5-18）。

◎ 图4.5-18 纽约出租车网页黄色与黑色的搭配

4. 蓝色

蓝色是天空和海洋的色彩，它是UI设计中最重要也是最常用的色彩。在设计中所选取的蓝色的色调和色度，都会直接影响设计作品对用户的影响（见图4.5-19）。

（1）浅蓝色给人清爽、自由、平静

◎ 图4.5-19 蓝色给人舒适、放松和信任的感觉

的感觉。这种轻松、友好的氛围还能转化为信任的感觉，这也是很多银行类网页、App 使用浅蓝色的原因。

（2）深蓝色能够给人强大而可靠的感觉。

5. 绿色

与绿色联系最紧密的毫无疑问是自然。绝大多数植物都是绿色的，它与生长和健康有着紧密的关联。

在设计中，绿色可以起到平衡和协调的作用。2017 年的年度色就是草木绿，它甚至被称为新的中性色。不过在设计过程中，绿色的饱和度需要好好控制。高饱和度的绿色让人兴奋，并且引人注意，而低饱和度的绿色则接近中性色的作用，可以平衡整个设计（见图 4.5-20）。

◎ 图 4.5-20　绿色的平衡和协调作用

6. 紫色

紫色的使用频率并不算高，其本身的这种稀缺性使得它在设计使用中有着特殊的地位。历史上，一度只有欧洲王室能使用紫色，直到今天，紫色依然保持着某种奢侈感。将紫色运用到网页或 App 中，常常会给用户一种高端的感觉。

一个有趣的调查表明，有接近 75% 的儿童喜欢紫色及与紫色相近的色彩（见图 4.5-21）。

◎ 图 4.5-21　紫色的儿童网站设计

7. 黑色

黑色是所有色彩中最有力量的，它能够很快地吸引用户的注意力，这也是其成为文字的基准色，且常常作为许多设计的主色的原因。

如图 4.5-22 所示，在 Squarespace 网站中，黑色的"Get Start"按钮非常引人注意。

◎ 图 4.5-22　Squarespace 网站中黑色的"Get Start"按钮引人注意

当黑色作为 UI 控件和视觉元素的主色调的时候，它常常会带来相应的情感联系，可以轻松传达出复杂的情绪，营造神秘的氛围。

8. 白色

白色通常代表着纯洁，给人以干净、健康、高尚的感觉。由于白色常常同健康服务和创新所关联，所以可以使用白色来强调安全性，推广医疗和高科技产品。

在设计中，白色常常用作留白，用于突出周围的色彩、控件。正确使用留白是一项非常重要的设计技能。以 Google 首页为例，白色让其他色彩更加突出，更有力量（见图 4.5-23）。

◎ 图 4.5-23　Google 首页的留白让其他色彩更加突出

9. 灰色

灰色代表中性和中立。相比于其他颜色，灰色更为安全，当灰色作为主色调而存在的时候，能让设计的形式感更为强烈。和白色相似，这种中性色能够让其他色彩更为显眼。灰色通常同其他更为明亮的色彩搭配起来使用。如图 4.5-24 所示，Dropbox 就常常使用灰色来突出 CTA 按钮。

◎ 图 4.5-24　Dropbox 使用灰色来突出 CTA 按钮

在进行 UI 设计时，不能单纯凭借自己的喜好配色。用户打开 UI 界面，最直观的感觉并不是界面所展示的文字、图片等信息，往往是

在进行 UI 设计时，不能单纯凭借自己的喜好配色。用户打开 UI 界面，最直观的感觉并不是界面所展示的文字、图片等信息，往往是界面所传达给用户的色彩感受，色彩还会在界面操作体验过程中潜移默化地影响用户的每次选择。

界面所传达给用户的色彩感受，色彩还会在界面操作体验过程中潜移默化地影响用户的每次选择。

4.5.4　UI 设计的配色方式

颜色与其他事物一样，要恰到好处地使用。如果在配色方案中坚持使用最多三种基色，将获得更好的效果。将颜色应用于设计项目中，所使用的颜色越多，越难保持平衡。

颜色不会增加设计品质，它只是加强了设计的品质感。——皮埃尔·伯纳德（Pierre Bonnard）

配色的三大方式如图 4.5-25 所示。

◎ 图 4.5-25　配色的三大方式

1. 色相差形成的配色

这是由一种色相构成的统一性配色，即由某一种色相支配、统一画面的配色，如果不是同一种色相，色环上相邻的类似色也可以形成相近的配色效果。当然，也有一些色相差距较大的做法，如撞色的对比，或者有无色彩的对比，这里以带主导色的配色为例阐述。

根据主色与辅助色之间的色相差不同，可以分为以下几种类型。

1）同色系为主导的色相差配色

同色系配色是指主色和辅助色都在统一色相上，这种配色方法往往会给人带来页面很一致的感受。

整体的蓝色设计带来统一印象，颜色的深浅分别承载不同类型的内容信息，如信息内容模块，白色底代表用户内容，浅蓝色底代表回复内容，更深一点的蓝色底代表可回复操作，如图 4.5-26 所示，颜色主导着信息层次，也保持了 twitter 的品牌形象。

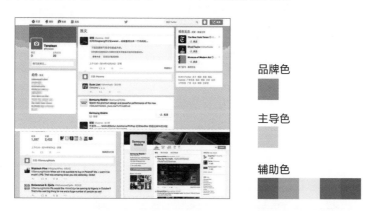

◎ 图 4.5-26　twitter 的网页

2）邻近色为主导的色相差配色

邻近色配色方法比较常见，搭配比同色系稍微丰富，色相柔和，过渡看起来也很和谐。

纯度高的色彩，基本用于组控件和文本标题颜色，各控件采用邻

邻近色配色方法比较常见，搭配比同色系稍微丰富，色相柔和，过渡看起来也很和谐。

类似色配色也是常用的配色方法，对比不强烈，给人色感平静、调和的感觉。

近色使页面看起来不那么单调，再降低色彩饱和度用于不同背景色和模块划分（见图 4.5-27）。

◎ 图 4.5-27　ALIDP 的网页

3）类似色为主导的色相差配色

类似色配色也是常用的配色方法，对比不强烈，给人色感平静、调和的感觉。

红、黄双色主导页面，色彩基本用于不同组控件表现，红色用于导航控件、按钮和图标，同时也作为辅助元素的主色。利用偏橙的黄色代替品牌色，用于内容标签和背景搭配（见图 4.5-28）。

◎ 图 4.5-28　BENMAPT 的网页

中差色对比相对突出，色彩对比明快，容易呈现饱和度高的色彩。

主导的对比配色需要精准地控制色彩搭配和面积，其中，主导色会带动页面气氛，产生激烈的心理感受。

4）中差色为主导的色相差配色

中差色对比相对突出，色彩明快，容易呈现饱和度高的色彩。

颜色深浅营造空间感，同时辅助了内容模块层次，统一的深蓝色系运用，传播品牌形象。中间色绿色按钮可以起到丰富页面色彩的作用，同时突出绿色按钮任务层级最高。深蓝色吊顶导航打通整站路径，并有引导用户向下阅读之意。

5）对比色为主导的色相差配色

主导的对比配色需要精准地控制色彩搭配和面积，其中，主导色会带动页面气氛，产生强烈的心理感受。

红色的热闹体现内容的丰富多彩，品牌红色赋予组控件色彩和可操作任务，贯穿整个站点的可操作提示，能体现品牌形象。红色多代表导航指引和类目分类，蓝色代表登录按钮、默认用户头像和标题，展示用户所产生的内容信息（见图4.5-29）。

品牌色　　　辅助色

主导色　　　中间色

◎ 图4.5-29　YouTube 的网页

6）中性色为主导的色相差配色

用一些中性色作为基调搭配，常用于信息量大的网站，突出内容，不会受不必要的色彩干扰。这种配色比较通用，也非常经典。

黑色突出网站导航和内容模块的区分，品牌蓝色主要用于可点击的操作控件，包括用户名称、内容标题。相较于大片使用品牌色的手法，更能突出内容和信息，适合以内容为主的通用化、平台类站点（见图 4.5-30）。

◎ 图 4.5-30　用一些中性色作为基调搭配

7）多色搭配的色相差配色

主色和其他搭配色之间的关系会更丰富，可能有类似色、中差色、对比色等搭配方式，但其中的某种色彩会占主导。

对于具有丰富产品线的谷歌来说，通过 4 种品牌色按照一定的纯度比，再用无色彩黑、白、灰能搭配出千变万化的配色方案，让品牌极具统一感。在大部分页面，蓝色会充当主导色，其他 3 色做辅助色并设定不同的任务属性，黑、白、灰多作为辅助色，对于平台类站点来说，多色主导有非常好的延展性（见图 4.5-31）。

2．色调调和形成的配色

这是由同一色调构成的统一性配色。深色调和暗色调等类似色调搭配也可以形成同样的配色效果。即使出现多种色相，只要保持色调一致，画面也能呈现整体统一性。

根据色彩的情感，不同的调子会给人不同的感受。

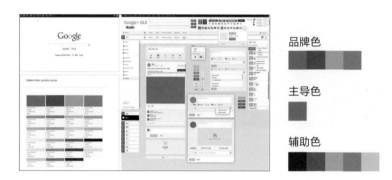

◎ 图 4.5-31 色调调和举例

1）有主导色的配色

（1）清澈色调。清澈色调使页面非常和谐，即使是色调相同、色相却不同的配色也能让页面保持较高的协调度。蓝色令页面产生安静冰冷的气氛，茶色让我们想起大地泥土的厚实，给页面增加稳定、踏实的感觉，同时调和蓝色的冰冷（见图 4.5-32）。

◎ 图 4.5-32 清澈色调举例

（2）阴暗色调。阴暗色调渲染场景氛围，通过不同色相的色彩变化丰富信息分类，降低色彩饱和度使各色块协调并融入场景，白色和明亮的青绿色作为信息载体呈现（见图 4.5-33）。

品牌色 ■ 主色调 ■■■■■■

◎ 图 4.5-33　应用阴暗色调的案例

（3）明亮色调。明亮的颜色活泼清晰，热闹的气氛和醒目的卡通形象叙述着一场庆典，但铺满高纯度色彩的页面过于刺激，不适宜长时间浏览（见图 4.5-34）。

品牌色

主色调

◎ 图 4.5-34　明亮色调举例

（4）深暗色调。页面以深暗偏灰色调为主，不同的色彩搭配，像在叙述着不同的故事，白色文字的排版，使整个页面显得厚重精致，小区域微渐变，增加版面质感（见图 4.5-35）。

（5）雅白色调。柔和的调子使页面显得明快温暖，就算色彩很多也不会造成视觉负担。页面的同色调搭配，颜色作为不同模块的信息分类，不抢主体的重点，还能衬托不同类型载体的内容信息（见图4.5-36）。

◎ 图 4.5-35　深暗色调举例　　　　◎ 图 4.5-36　雅白色调举例

2）同色调颜色间的配色

这是由同一或类似色调中的色相变化构成的配色类型，与主导色调配色中的色相变化属于同类技法。区别在于色调分布平均，没有过深或过浅的模块，色调范围更为严格。

在实际的设计运用中，常会用些更综合的手法，例如，整体有主导色调，小范围布局会采用同色调搭配。拿 tumblr 的发布模块来说，虽然页面有自己的主色调，但小模块使用同色调不同色彩的功能按钮，结合色相变化和图形表达不同的功能点，众多按钮放在一起，由于它们是同色调的，所以非常稳定统一（见图 4.5-37）。

同色调

◎ 图 4.5-37　同色调颜色配色举例

3）同色的深浅搭配

这是由同一色相的色调差构成的配色类型，属于单一色彩配色的一种。 与主导色调配色中的同色系配色属于同类技法。从理论上讲，同一色相下的色调不存在色相差异，是通过不同的色调阶层搭配形成的，可以理解为色调配色的一种（见图 4.5-38）。

品牌色

同色调

◎ 图 4.5-38　同色的深浅搭配举例

以紫色界面为例，利用同一色相通过色调深浅对比，营造页面空间层次。虽然色彩深浅搭配合理，但有些难以区分主次，由于是同一色相搭配，所以颜色的特性决定着心理感受。

3. 对比色形成的配色方式

由对比色相互对比构成的配色可以分为互补色或相反色搭配构成的色相对比效果，由白色、黑色等明度差异构成的明度对比效果，以及由纯度差异构成的纯度对比效果。

1）色相对比配色

（1）双色对比。色彩间对比视觉冲击强烈，容易吸引用户注意，使用时经常大范围搭配。VISA 是一个信用卡品牌，深蓝色传达和平安全的品牌形象，黄色能让用户产生兴奋幸福感。另外，蓝色降低明度后再和黄色搭配，对比鲜明之余还能缓和视觉疲劳（见图 4.5-39）。

◎ 图 4.5-39　双色对比配色举例

（2）三色对比。三色对比在色相上更为丰富，通过加强色调重点突出某一种颜色，且色彩面积更为讲究。大面积绿色作为站点主导航，形象鲜明突出。使用品牌色对应的两种中差色作为二级导航，并降低其中一方蓝色系的明度，再用同色调的西瓜红作为当前位置状态，二级导航内部对比非常强烈却不影响主导航效果（见图 4.5-40）。

◎ 图 4.5-40　三色对比配色举例

（3）多色对比。多色对比给人丰富饱满的感觉，色彩搭配协调会使页面非常精致，模块感强烈。Metro 风格采用大量色彩，分隔不同的信息模块。保持大模块区域面积相等，模块内部可以细分出不同的内容层级，而单色模块只承载一种信息内容，配上对应功能图标，识别度高（见图 4.5-41）。

◎ 图 4.5-41　多色对比配色举例

2）纯度对比配色

相对于色相对比，纯度对比色彩的选择更多，设计应用范围广，可用于一些突出品牌、营销类的场景。

相对于色相对比，纯度对比色彩的选择更多，设计应用范围广，可用于一些突出品牌、营销类的场景。

明度对比接近生活实际，通过环境远近、日照角度等明暗关系，设计趋于真实。

PINTEREST 页面中心登录模块，通过降低纯度处理制造无色相背景，再利用红色按钮的对比形成纯度差关系。与色相对比相比，纯色对比的冲突感、刺激感小一些，非常容易突出主体内容的真实性（见图 4.5-42）。

品牌色   主色对比

◎ 图 4.5-42 纯度对比配色举例

3）明度对比配色

明度对比接近生活实际，通过环境远近、日照角度等明暗关系，设计趋于真实。明度对比构成画面的空间纵深层次，呈现远近的对比关系，高明度突出近景主体内容，低明度表现远景的距离。而明度差使人注意力集中在高亮区域，从而呈现出药品的真实写照（见图 4.5-43）。

品牌色   主色对比

◎ 图 4.5-43 明度对比配色举例

4. 渐变色配色方式

信息大爆炸以来，用户在使用产品时，面对越来越多的信息，往往容易眼花缭乱。为了突出内容，降低过度美观修饰对信息的干扰，扁平化风格应运而生并开始流行。抛弃多余的元素，以强烈简洁的功能界面区分，扁平化已经成为 UI 设计中的主流风格。

近扁平设计允许利用细微的投影和渐变来营造空间感、距离感、视觉层次感、视觉线索和边缘效果。

然而，扁平化风格还是存在不足，比如，简洁有余，张力不足。有时候，扁平化设计会变得太"平"了，以至于影响了可用性。如果用户界面太"平"了，可操作性的元素就会被淹没在一片看起来都一样的扁平化元素中。

作为一种设计方法，近扁平设计仅仅是在扁平化风格能提升可用性时才采用。近扁平设计允许利用细微的投影和渐变来营造空间感、距离感、视觉层次感、视觉线索和边缘效果。设计师为了弥补扁平化的这种缺陷，所以重新在色彩上寻求突破口，而使用渐变色就是其中最有利的武器。

1）单色相渐变色彩的配色

从2017年开始，UI界面上的色彩运用越来越大胆，如新版的淘宝，摒弃了之前单一的橙色，采用了比较年轻态的渐变色，主色调、导航栏图标采用暖色单色相的渐变色。在 App 设计中，此类渐变多用于 App 内导航栏图标、入口图标等的设计。

使用单色相渐变以后，淘宝 App 的整个页面看起来充满了活力（见图 4.5-44）。

2017 年下半年的一款游戏 App——纪念碑谷 2 的背景也采用单色相的渐变作为游戏背景，在让整个

◎ 图 4.5-44　淘宝 App 页面

画面丰富的同时又不会太抢夺主体的色彩，使画面显得清新透气而不沉闷（见图 4.5-45）。

◎ 图 4.5-45　纪念碑谷 2 的 App 界面

2）多色相渐变色彩的配色

色系相近的不同颜色可以带来强烈的视觉冲击，使人有种梦幻的感觉，最早尝试这种风格的是 ins，ins 拟物风时期的 Logo 一直广受好评。在进入扁平风时代后，ins 没有简单地将 Logo 拍平，而是采用强烈的多色渐变，让人耳目一新。其极简风格的界面，对用户十分友好，用户只需要欣赏美丽的照片，然后双击点赞就行了。

2017 年 7 月苹果公司推出 iOS11，也在扁平化的基础上做了一些改进，除了让标题更粗更黑，也将可点击的组件加上了渐变色，其中不乏强烈的多色相渐变。

3）不同明度渐变色的组合配色

界面中的色彩具有两种或两种以上的渐变手法，多色相渐变在视觉上的表现力会更强一些，给用户更强的视觉冲击力，这类配色在 Web 端、banner 设计、插画设计等方面运用居多。设计师把渐变玩出了更多的花样，如强势改版的优酷视频 App（见图 4.5-46）。

◎ 图 4.5-46　优酷视频 App

但是，这种风格还是比较复杂，不适合做尺寸较小的 icon。可以看到，优酷后来将 icon 改回了单色相渐变（见图 4.5-47）。

4）高饱和度和亮度的色彩配色

不仅是 GUI 设计，对色彩的大胆使用也蔓延到了平面设计。此类色彩的运用多用于电商 H5 活动页面，能够极大地调动活动所要营造的氛围，给用户最强的视觉冲击力，最终达到让人消费的目的（见图 4.5-48）。

◎ 图 4.5-47　优酷将 icon 改回了
单色相渐变

◎ 图 4.5-48　361° 户外运动天猫
首页活动专题页面设计

4.6　UI 设计中的文案设计

营销时代，营销靠什么？靠好产品！这句话说得没错！但是产品怎么跨地域让更多的目标用户看到！最终还是会落在文案的本身。例如，史玉柱的脑白金：今年过节不收礼，收礼只收脑白金！雷军的小米手机：为发烧而生！

2019 年天猫双 11，安奈儿童装打造了一波与众不同的"武装方队"，这波创意打破双 11 单一的"Hot Sale"风格，以妈妈内心洞察为切入点，用"武装"的概念，串连起安奈儿品牌的服装产品（见图 4.6-1）。

妈妈说，无论哪个战场，都是快乐的主场。

妈妈说，翻过胆怯，就能踏过冰川。

妈妈说，不怕绊脚石，只要肯坚持。

◎ 图 4.6-1　天猫安奈儿双 11 部分海报

这次创意突破母婴品牌的刻板印象，用独特的视觉执行手法，直击内心口语化的文案，打造一次与众不同的品效合一案例，用新的创意形式打动受众。整波"武装"在双微（微信和微博）刷屏，引发大量的社交传播与热议。

这些比较经典的文案能够击中用户的内心，进而提高销售量和品牌忠诚度。这靠的是一个文案写作者对产品的理解，以及对用户内心的深究。

文案设计的
3个原则：清晰、
简洁和实用。

4.6.1 文案设计的 3 个原则

文案的写作有清晰、简洁和实用 3 个原则，如图 4.6-2 所示。

1. 清晰

软件页面上的文案之所以会有问题，往往是因为这些文案是从软件角度而不是从用户角度出发的。要改善问题，首先得关注并考虑用什么样的动词。

动词，是一句文案中最重要的组成部分，一般意指一个操作，而在软件界面中，特指用户的操作。

为了避免理解错误，保证文案的清晰度，我们需要去除专业用词，转而使用符合用户应用场景的词句（见图 4.6-3）。即使在写产品发布说明或 App 日志更新的时候，动词也很重要。

◎ 图 4.6-2　文案写作的 3 个原则

◎ 图 4.6-3　原则 1——清晰

现在很多人在更新日志时，总是写了一堆产品的新功能，却没有表达这些功能如何改善用户操作和体验。

2. 简洁

简洁不是说一定要保持句子很短，而是要使用最有效的文字。想要文案简洁，我们需要审视已有的文案，并保证其中每个词语都有价值。

我们再来反思一下一个常见的例子，这里真的需要"登录失败"这个标题吗（见图 4.6-4）？当在一个弹框上留了一个标题的空位时，我们总觉得需要写点什么填上，应该避免这个心理，要以内容第一为原则，而不是样式第一。

抱着以内容优先的理念来思考，让视觉样式跟着内容走，而不是相反。千万别再试图把弹框用文字填满了。

图 4.6-5 去掉了标题，因为研究表明大部分人不会阅读界面上的每个词句，而是使用浏览的方式。

◎ 图 4.6-4　多余的"登录失败"　　◎ 图 4.6-5　原则 2——简洁

通常情况下，人们的眼睛会以 F 形的顺序浏览界面信息。一般会先阅读第一行、第二行，然后开始大范围地扫视信息，可能只会阅读每行的头几个词，这就是确保文字简洁的同时，还要把关键信息前置的原因。

关键信息前置是一种把最重要的信息放在句首的方式，这让用户可以毫不费力地在浏览过程中看到最重要的信息。

在上图的文案中，其实最重要的信息在句末，因此还可以继续针对这句话进行优化：精简原则适用于所有文案的撰写，不仅要突显关键信息，还要敢于精简次要信息，如图4.6-6所示。

◎ 图 4.6-6 继续优化信息

3. 实用

操作按钮用来引导用户的下一步操作，因此按钮的文字是引导用户的关键。

操作按钮需要引起用户的共鸣，要让用户知道这个按钮确实是当下要做的操作。而在上面的例子中，"确认"按钮其实并非是个好的操作暗示。

如果把按钮文本改成"重试"可能更好，其实也还不够。我们还需要考虑用户"忘记密码"的场景，否则那些想不起密码的用户看到"重试"一样会感到不知所措，如图4.6-7所示。

◎ 图 4.6-7 信息精简前、后的对比

写文案的时候除了要考虑文案本身，还要考虑用户及这句文案的

用意何在。清晰、完整的操作引导文字能让用户了解产品所能提供的功能及操作。

4.6.2 微文案的设计要点

在网站和 App 中，除了标题和 Banner 中我们可以轻松感知并注意到的文案，许多小段的文字和标签也是影响整个用户体验的微文案。微文案包括按钮和图标下的标签文本、提示性文字和报错信息等。通常，这些微文案并不那么起眼，在几乎完成了整个产品的设计和开发之后再添加上去。但是在用户和产品进行交互的过程中，微文案几乎全程参与了进来。

微文案是小而强大的文本内容，不要因为它短小而忽略了其本身的有效性。微文案需要设计师仔细揣摩词汇的使用，它的价值在于简短而准确地传递信息。微文案是网页和 App 同用户沟通的桥梁之一，是整个设计中的关键组成部分。如图 4.6-8 所示为微文案的设计要点。

设计良好的微文案能够提升转化率，从而提高任务的完成率，进而增加用户的愉悦感。

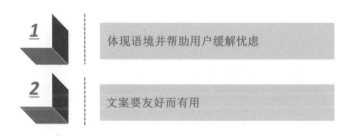

◎ 图 4.6-8 微文案的设计要点

1. 体现语境并帮助用户缓解忧虑

微文案常常能够体现语境，帮助用户理解当前状况，甚至针对特定的问题来提供答案，缓解用户在使用过程中的忧虑。你应该对用户可能会产生的问题有所了解，而用户测试是帮你找出这些问题的有效途径。

例如，当用户注册 Tumblr（一个轻博客网站）的时候，系统会要求用户为自己的博客选择一个名称。这是一件重要的事情，因为这不仅是博客名和用户名，而且会体现在博客的 url 上。因为这一任务重要且关键，所以用户可能存在的忧虑是"如果名字没起好又不能修改岂不是麻烦了"。Tumblr 在这个时候通过微文案提醒用户名称"随时可以修改"。问题就解决了。

在订阅信息或进行分享的时候，用户也是存在潜在忧虑的，这时微文案就是让用户安心的基础。许多人在提供电子邮件和关联 Twitter 账户的时候，都不希望被垃圾邮件骚扰，而 Twitter 在这个时候会使用微文案"我们和你一样讨厌垃圾邮件"。虽然许多网站和 App 在关联用户账户的时候都一再强调不会推送垃圾邮件，但是对于用户而言，很难确定。

如图 4.6-9 所示，Timely 将用户所关注的问题浓缩到一句微文案中。

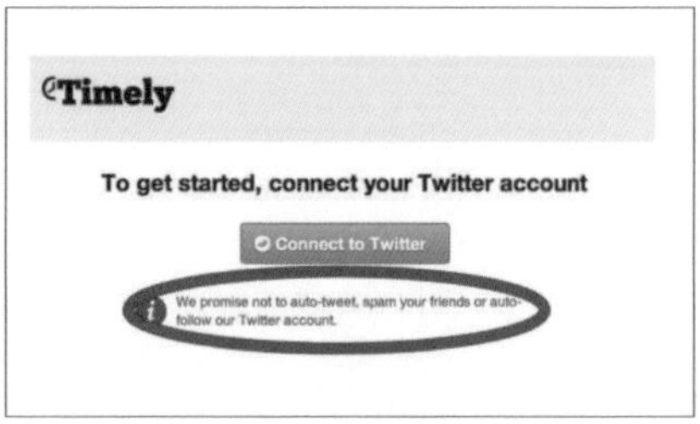

◎ 图 4.6-9　Timely 将用户所关注的问题浓缩到一句微文案中

我们都知道，在线发布内容的时候，因为网络或其他问题而丢失输入的内容是一件令人沮丧的事情。自动保存功能能够在很大程度上帮助用户规避这一问题，而这个时候，合理地加入微文案，帮助用户了解他们输入的内容已经自动保存了，提升了用户对产品的安全感，这对于整个体验而言是一个不错的加成。Google Drive 就是这样设计微文案的，如图 4.6-10 所示。

绝大多数用户并不希望提供他们的个人信息，尤其是在他们觉得没有必要的时候。因此有必要向用户解释为什么需要用户的信息，以及简单阐述如何保护用户数据。例如，在注册页面时，Facebook 为用户解释了个人数据的使用情况（见图 4.6-11）。

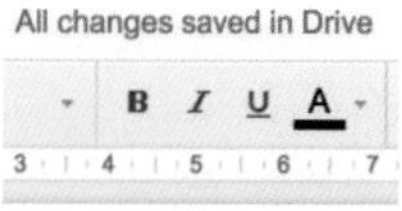

◎ 图 4.6-10　Google Drive 的微文案

◎ 图 4.6-11　在注册页面时 Facebook 为用户解释了个人数据的使用情况

2. 文案要友好而有用

在对网站和 App 的操作过程中，用户难免会出错或碰到问题，这个时候如何设计文案，对于产品的影响是巨大的。如果产品文案对于出错状态表述不清，那么用户就更加搞不清楚如何解决这些问题了。用户经常会因为报错而感到沮丧，而这种状况常常会被设计者忽视。另外，如果设计得足够有趣和幽默，报错信息甚至可能会将这个状况变为快乐的时刻，如图 4.6-12 所示。

在界面中加入令人愉悦的细节，是打破用户和界面之间障碍的好办法。用户总是乐于互动的。如果微文案设计得足够人性化，能让界面交互显得更加自然，那么更容易获得用户的信任。

◎ 图 4.6-12　MailChimp 有趣和幽默的报错信息界面设计

如图 4.6-13 所示，yelp 在设计的时候就有意识地传递出背后有
人参与的感觉，并且鼓励用户操作和探索。

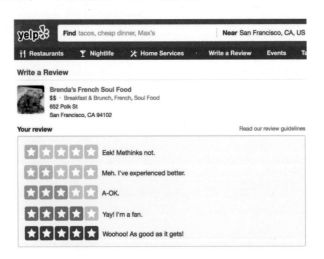

◎ 图 4.6-13　yelp 鼓励用户操作和探索

微文案还是体现设计个性化的好机会，通过有趣的微文案，让日
常任务变得有趣而难忘。例如，每次访问 Flickr 的时候，欢迎问候
的文案都不一样，会让这款应用显得有趣而自然。再比如，okcupid

会在你创建新账户的时候，称赞你所在的城市："Ahh，Paris"，如图 4.6-14 所示。

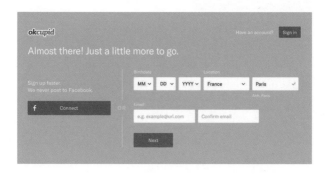

◎ 图 4.6-14 有趣而自然的 Flickr 微文案

4.7 UI 设计中的动效设计

4.7.1 动效的概述

如图 4.7-1 所示，从人对于产品元素的感知顺序不难看出，人们对动态信息的感知是最强的。

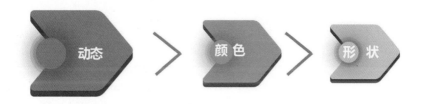

◎ 图 4.7-1 人们对动态信息的感知是最强的

在 iOS7 官方指南中，给动效赋予了一个新定义：精细而恰当的动画效果可以传达状态，增强用户对于直接操纵的感知，通过视觉化的方式向用户呈现操作结果。

增强动效体验的 12 条原则：缓动、偏移与延迟、父子关系、形变、值变、遮罩、覆盖、复制、景深、视差、翻转、滑动变焦。

Stephen Anderson 曾经说过："在体验设计的过程中，为用户提供满足感已经是一种常态，愉悦感则是我们所追求的目标。"当我们在探讨产品设计细节的时候会频繁地提及"愉悦"这个词。必须承认，愉悦的体验是优秀产品中所潜藏的魔法。在设计时，如何构建出愉悦的体验，也是需要努力实现的核心要点。目前，在网站和 App 两类产品中，设计师主要通过动效和微交互来强化体验，其中动效所起的作用至关重要。

4.7.2　增强动效体验的 12 条原则

增强动效体验的 12 条原则主要分为如图 4.7-2 所示的 5 个大类。

1. 缓动

时效事件发生时，元素的行为应与用户预期相符。所有展示时效行为的界面元素（无论是即时还是非即时）都需要缓动（见图 4.7-3）。缓动可以加强体验中的自然感，并创造出符合用户预期的连续性。

◎ 图 4.7-2　增强动效体验的 12 条原则（5 大类）

缓动可以加强体验中的自然感，并创造出符合用户预期的连续性。
缓动可能对可用性产生负面影响，时间掌控不对、太慢或太快都会打破用户的预期，并分散注意力。

偏移与延迟的实用性在于它通过用自然的方式描述界面元素来让用户预先感知到下一步结果。

◎ 图 4.7-3　缓动动效的截图

缓动可能对可用性产生负面影响吗？答案是肯定的，有很多种方法。时间掌控不对、太慢或太快都会打破用户的预期，并分散用户的注意力。如果缓动与产品整体的体验不一致，也会产生相似影响。可以想象一种完全不符合用户预期的缓动方式，让可用性大大下降。与合适的缓动相比，用户体验到的动效是无缝的，并且很大一部分是不可见的——这其实是一件好事，以免让用户分心。

2. 偏移与延迟

加入新的界面元素或场景时，偏移与延迟可用于表达元素之间的关系。本原则与迪士尼动画原则中的 Follow and Overlapping Action 相似。然而，虽然执行手段相似，但是目的与效果却不同。迪士尼想要的是"更有吸引力的动画"，而界面动画原则想要的是可用性更好的体验。

这个原则的实用性在于它通过用自然的方式描述界面元素来让用户预先感知到下一步结果。如图 4.7-4 所示的范例告诉用户，上面两条与下面一条是分开的。可能上面两条是不可以点击的图文信息，而下面一条是一个按钮。

这种动效能够让用户在看清楚之前就感受到眼前的东西是什么，以及它们之间是如何区分的。这种功能非常有好处。

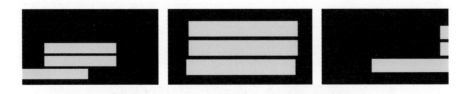

◎ 图 4.7-4　偏移与延迟动效范例

如图 4.7-5 所示，浮动按钮变成由 3 个按钮组成的头部导航。因为按钮是依次出现的，所以它们之间的分离感能够提升体验上的可用性。换一种讲法，在用户看清楚这些头部导航之前，设计师已经用时间差说明了元素之间的分离关系。这便有了一种用与视觉设计不同的方式来向用户介绍界面元素。

◎ 图 4.7-5　浮动按钮变成由 3 个按钮
组成的头部导航

3. 父子关系

当界面元素较多时，利用时空差异创造出可以感知到的父子继承关系（见图 4.7-6）。

◎ 图 4.7-6　父子关系动效截图

父子关系是将界面元素关联起来的重要原则。上图中，顶部子元素的尺寸和位置与底部父元素相对应。父子关系将不同元素的属性关联起来，创造出关联和继承关系，以增强可用性。这需要设计师更好地协调事件的发生时间，以此向用户传达元素之间的关系。

很多元素属性都可以创造用户体验的协同感，暗示元素之间的继承关系，如尺寸、透明度、位置、旋转角度、形状、颜色等。

如图 4.7-7 所示，气泡表情的纵轴坐标继承自圆形指针的横轴坐标，它们也有父子关系。当父元素圆形指针横向移动时，子元素气泡表情同时进行横向和纵向移动（同时被遮罩——另一条原则）。

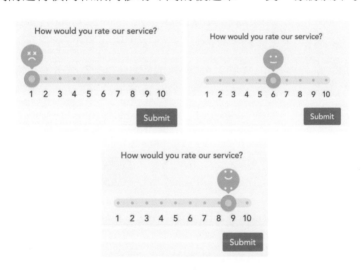

◎ 图 4.7-7　气泡表情的父子关系

父子关系原则当作即时交互才能发挥出最好的作用，因为这样用户才能感受到对界面元素的直接掌控，设计师可以即时通过动效告诉用户元素之间的关联和关系。

　　形变能够将体验中可感知的分离节点转化成一系列无缝衔接的事件，这样就可以更好地被用户感知、记忆和跟踪。

4. 形变

　　形变是指用连贯的状态描绘表达元素功能的改变（见图4.7-8）。

◎ 图 4.7-8　形变动效截图

　　动效体验的形变原则在某些方面可能算得上是最明显透彻的动画理论。形变是最容易被识别的，主要因为它太明显了。例如，确认按钮变成圆圈进度条，最后又变成确认按钮，这个例子看起来就很引人注目。形变能够抓住人们的注意力，描绘出一个完整的故事（见图4.7-9）。

◎ 图 4.7-9　确认按钮的形变过程

　　形变带领用户无缝地转换体验状态，这个状态可能是一个用户期望的结果。用户通过形变过程中的一个个节点，最终到达目的地。

　　形变能够将体验中可感知的分离节点转化成一系列无缝衔接的事件，这样就可以更好地被用户感知、记忆和跟踪。

5. 值变

当元素的值发生变化时，用动态、连续的方式描述关联关系。

数字或文本类界面元素本身的值是可以改变的，这个概念相对而言没有那么显而易见（见图 4.7-10）。

◎ 图 4.7-10　值变动效截图

数字和文本的值变实在是太普遍了，以至于当我们遇到的时候常常意识不到，也很少郑重地评估它们对可用性的帮助。

值变时的体验是怎样的？如果说 12 条动效体验原则的核心是体验提升的机会点，那么此处有 3 个机会点：向用户表达数字背后的现实含义、沟通介质及值的动态变化。

如果描述值的界面元素（如图 4.7-11 所示的数字）在加载的时候其值不发生变化，那么用户就会觉得这些数字是静态元素，功效类似于"限速 55km/h"的路标。

◎ 图 4.7-11　让人感觉数字是静态的动效截图

很多界面数字是反映现实数据情况的，如收入、游戏得分、商业指标、健身记录等。如果使用动态的方式来表示它们（见图4.7-12），我们就能感觉到其反映的是动态变化的数据。

◎ 图 4.7-12　动态变化的数据动效截图

而如果使用静态的展示方式，则不单单是这种关联感，更深层次的体验机会点也会丢失。

用户动态的方式展现变化的值，会给人一种"神经反射"。用户感受到数据的动态特征后，能够感受到其意义，并联想到与之相关的对象。这时的数值就成了沟通用户与关联对象（数据背后的含义）的桥梁（见图4.7-13）。

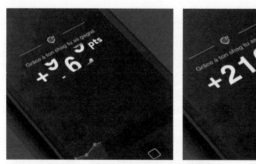

◎ 图 4.7-13　数值成了沟通用户与关联对象的桥梁

6. 遮罩

如果一个界面元素的不同展示方式对应不同的功能，则让展示方式的变化过程具有了连续性（见图4.7-14）。

◎ 图 4.7-14　遮罩动效截图

遮罩行为的问题可以理解成元素形状与功能之间的关系。

虽然设计师们在做静态设计时就对遮罩有所了解，但需要区分的是动效体验原则中的遮罩是随着时间变化而发生的行为，并不是静止的状态。

这种连续无缝地遮住或露出元素区域的方式，也能创造连续的描述性。

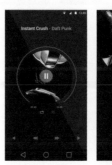

如图 4.7-15 所示，主图通过形状和位置的改变成了唱片的样子。在不改变元素内容的情况下，通过遮罩来改变元素本身，这是相当不错的技巧。

◎ 图 4.7-15　通过遮罩改变元素本身

7. 覆盖

覆盖为用堆叠元素的相对位置来描述它们的扁平空间关系（见图 4.7-16）。

◎ 图 4.7-16　覆盖动效截图

覆盖通过堆叠排序来弥补扁平空间缺乏层次的问题，以此提高体验可用性。再直白一点，就是说在一个非三维的平面空间里，通过排列元素之间的上下关系来传递它们的相对位置的动效。

图 4.7-17 所示为前景元素滑到右边露出背景元素。

◎ 图 4.7-17　前景元素滑到右边露出背景元素

再如图 4.7-18 所示，整个界面向下滑动露出列表和选项（同时使用移动和延迟原则来描述照片之间的独立性）。

对设计师来说，在一定程度上，"层"的概念是非常明确的，我们做的设计本身就是有层级的，但是必须要明确分清的是，"绘制"与"利用"并不相同。因为设计师通过长时间地"绘制"层级，对所设

◎ 图 4.7-18　整个界面向下滑动露出列表和选项

计的一切元素（包括被隐藏的信息）都十分了解。然而对于用户来说，被隐藏的元素必须被定义出来，或者经过尝试才能够看到并了解。

总的来说，覆盖原则让设计师能够通过层级之间的 Z 轴位置关系，向用户传达空间方位。

8. 复制

复制是指当新元素从已有元素复制出来时，用连贯的方式描述其关联关系（见图 4.7-19）。

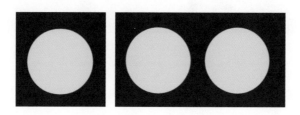

◎ 图 4.7-19　复制动效截图

当新元素在当前场景（从存在的元素）被创造出来时，描述其形态十分重要。在这里强调的是描述元素的产生和分离至关重要。要做到这一点，单纯的透明度渐强渐弱是不够的。遮罩、复制和翻转等动效原则都需要根植于强烈的形式感。

如图 4.7-20 所示，当用户集中注意力在主体元素上时，新元素从主体元素上被创造出来。这双重动作（先引导注意力，然后通过复制将实现导向新元素）能够明确地将事件传达出来：由"X"动作引发创造新元素的"Y"动作。

◎ 图 4.7-20　由"X"动作引发创造新元素的"Y"动作

9. 景深

景深是指允许用户瞥得到非主要元素或场景（见图 4.7-21）。

◎ 图 4.7-21　景深动效截图

与前面说过的遮罩原则类似，景深原则既可以是静止的，也可以具有时效性。

如果有些设计师对于时效性难以理解，那么可以把它想象成两种状态之间的过渡。很多人是按照一屏接着一屏或一个任务接着一个任务的方式做设计的。现在需要做的是把景深想象成一个变化的过程，而不是静止的状态。静态设计只能表现出元素变朦胧的状态，加上时效后就变成了元素变朦胧的行为。

如图 4.7-22 所示，我们可以看到景深原则（看起来也像是被透明元素覆盖）也可以用作多个元素的即时交互。

这个原则的很多实现手段都涉及模糊效果和透明覆盖，这让用户了解到不属于操作主体的大环境——主要元素之后的层次结构，那里还有另一个世界。

◎ 图 4.7-22　设计师可以使用景深原则在用户体验中提供一个全局或客观的视图

利用视差不但能够让用户领略到超越平面设计的层次感，还可以让他们在注意到设计和内容之前，感受就得到自然的体验。

10. 视差

视差是指当用户滚动界面时，在平面创造出空间层次（见图4.7-23）。

◎ 图 4.7-23　视差动效截图

"视差"在动效体验原则中描述的是界面元素以不同的速度运动。

视差在保持原本设计的完整性的前提下，让用户聚焦于主要操作和内容。视差事件中，用户对背景元素的感知会被弱化。设计师可以通过这一原则将即时性的内容从环境或支撑内容中分离出来。

这种动效让用户在交互操作期间，明确区分出各种元素之间的关系。前景元素，或者说移动得"更快"的元素，对用户来说感觉更近一些。同样，背景元素，或者说移动得"更慢"的元素，对用户来说感觉更远一些。

设计师们能够仅利用时间，就创造出元素之间的关联关系，以此告诉用户界面中的什么东西更加重要。这就是为什么有必要让那些背景类的或没有交互属性的元素给人感觉更远一些。

这样做不但能够让用户领略到超越平面设计的层次感，还可以让他们在注意到设计和内容之前，感受就得到自然的体验（见图4.7-24）。

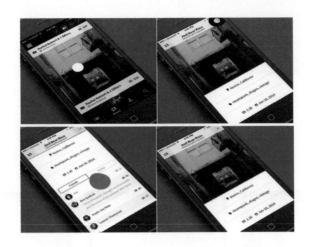

◎ 图 4.7-24　"视差"给人带来自然的体验

11. 翻转

翻转是指通过具有空间架构的描述方式来表现新元素的产生与离场（见图 4.7-25）。

◎ 图 4.7-25　翻转动效截图

用户体验的关键在于连续性与方位感。翻转原则能够大大改变扁平、缺乏逻辑性的用户体验。人类很擅长通过空间框架来引导虚拟世界和现实世界的体验。具有空间感的产生和离场动作可以帮助增强用户在体验中的方位感。

除此之外，翻转原则能够改善扁平界面存在的通病，即元素不是没有深度地相互叠加，而是有上下层次的相互覆盖。

因为折叠过程中将多个元素挤压到消失，所以被隐藏的元素尽管空间上不可见，但依旧可以说是"存在的"。这就有效地将用户体验渲染成连续的空间事件，期间不论是交互操作，还是交互元素的即时动作，都能够引导用户感受到。

如图 4.7-26 所示，翻转动作通过 3D 卡片表现出来。这样的架构为视觉设计增强了表现力，其中可以通过滑动卡片来查看其余内容或实现互动操作。翻转能够为新元素的出现提供流畅的过渡。

◎ 图 4.7-26 翻转动作通过 3D 卡片表现出来

12. 滑动变焦

滑动变焦是指用连续的空间描述来引导界面元素和空间（见图 4.7-27）。

◎ 图 4.7-27 滑动变焦动效截图

滑动变焦是关于镜头下元素移动的电影概念，即影像中图片由远及近（或由近及远）。变焦指的是在角度或元素不进行空间移动的情

利用滑动变焦能够通过无缝过渡（无论即时或非即时）来提升可用性。

况下，元素本身的放大或缩小（或者说因为视角的缩小，导致图片看起来更大）。这让观看者感觉眼前的界面元素处于更多元素或更大的场景之内。

如图 4.7-28 所示，这种方式可以通过无缝过渡（无论即时或非即时）来提升可用性。用无缝的方式表现滑动变焦原则，能够创造出很棒的空间感。

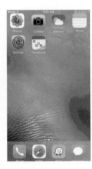

◎ 图 4.7-28　无缝过渡提升可用性举例

第 5 章

网站的 UI 交互设计

由于人们频繁地使用网络，作为使用网络的主要依托，网页变得越来越重要，网页界面设计也得到了发展。网页讲究的是排版布局和视觉效果，其目的是给每一位浏览者提供一种布局合理、视觉效果突出、功能强大、使用方便的界面，使他们能够愉快、轻松、快捷地了解网页所提供的信息。

网站 UI 设计以互联网为载体，以互联网技术和数字交互技术为基础，依照客户与消费者的需要，设计出以商业宣传为目的的网页，同时遵循艺术设计规律，实现商业目的与功能的统一，是一种商业功能和视觉艺术相结合的设计。

5.1 网站 UI 设计的 5 个原则

网页作为传播信息的一种载体，也要遵循一些设计的基本原则。但是，由于其表现形式、运行方式和社会功能的不同，网页设计又有其自身的特殊规律。网站 UI 设计是技术与艺术的结合，是内容与形式的统一（见图 5.1-1）。

网站 UI 设计的定义：以互联网为载体，以互联网技术和数字交互技术为基础，依照客户与消费者的需要，设计出以商业宣传为目的的网页，同时遵循艺术设计规律，实现商业目的与功能的统一，是一种商业功能和视觉艺术相结合的设计。

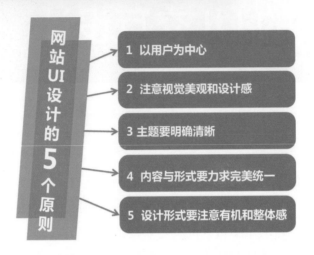

◎ 图 5.1-1　网站 UI 设计的 5 个原则

5.1.1　以用户为中心

以用户为中心的原则实际上就是要求设计者要时刻站在浏览者的角度来考虑，主要体现在如图 5.1-2 所示的 3 个方面。

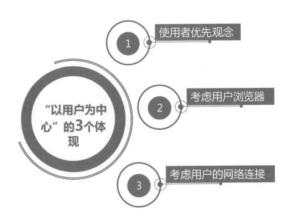

◎ 图 5.1-2　"以用户为中心"的 3 个体现

1. 使用者优先观念

无论在什么时候，不管是在设计网页界面之前、正在设计之中，还是已经设计完毕，都应该有一个最高行动准则，那就是使用者优先。使用者想要什么，设计者就要去做什么。如果没有浏览者光顾，再好看的网页界面都是没有意义的。

2. 考虑用户浏览器

另外还需要考虑用户使用的浏览器，如果想要让所有的用户都可以毫无障碍地浏览页面，那么最好使用所有浏览器都可以阅读的格式，不要使用只有部分浏览器可以支持的 HTML 格式或程序。如果想展现自己的高超技术，又不想放弃一些潜在的浏览者，可以考虑在主页中设置几种不同的浏览模式选项（如纯文字模式、Frame 模式和 Java 模式等），供浏览者自行选择。

3. 考虑用户的网络连接

"以用户为中心"的第 3 个体现是需要考虑用户的网络连接，浏览者可能使用 ADSL、高速专线或小区光纤。因此在进行网页界面设计时就必须考虑这种状况，不要放置一些文件量很大、下载时间很长的内容。网页界面设计制作完成之后，最好能够亲自测试一下。

5.1.2 注意视觉美观和设计感

网页界面首先需要能够吸引浏览者的注意力，由于网页内容的多样化，Flash 动画、交互设计、三维空间等多媒体形式开始在网页界面设计中大量出现，给浏览者带来不一样的视觉体验，同时给网页界面的视觉效果增色不少，如图 5.1-3 所示。

MELLOW
Effortlessly
great food

◎ 图 5.1-3　视频在网页设计中的应用

对网页界面进行设计时，一般有如图 5.1-4 所示的 3 个步骤。

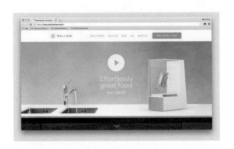

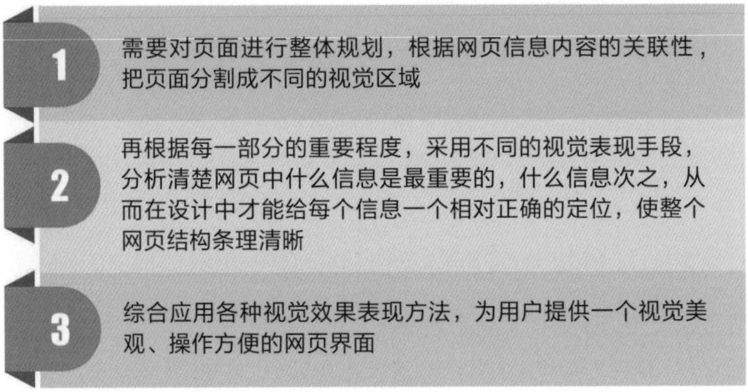

1
需要对页面进行整体规划，根据网页信息内容的关联性，把页面分割成不同的视觉区域
2
再根据每一部分的重要程度，采用不同的视觉表现手段，分析清楚网页中什么信息是最重要的，什么信息次之，从而在设计中才能给每个信息一个相对正确的定位，使整个网页结构条理清晰
3
综合应用各种视觉效果表现方法，为用户提供一个视觉美观、操作方便的网页界面

◎ 图 5.1-4　网页界面设计的 3 个步骤

5.1.3　主题要明确清晰

网页界面设计表达的是一定的意图和要求，有明确的主题，并按照视觉心理规律和形式将主题主动传达给观赏者，以使主题在适当的环境里被人们及时地理解和接受，从而满足其需求。这就要求网页界面设计不但要单纯、简练、清晰和准确，而且在强调艺术性的同时，更应该注重通过独特的风格和强烈的视觉冲击力来鲜明地突出设计主题，如图 5.1-5 所示，Helmut Lang 是一位奥地利时装设计师，他在维也纳创办了自己的设计工作室。在构建他的在线购物网站时，

网页界面设计在强调艺术性的同时，更应该注重通过独特的风格和强烈的视觉冲击力来鲜明地突出设计主题。

Lang 将他简单到无与伦比的设计风格引入网页设计中，也将他认为最重要且最关键的元素保留下来。

根据认知心理学的理论，大多数人在短期记忆中只能同时把握4~7 条分类信息，而对多于 7 条的分类信息或没有经过分类的信息容易在记忆上产生模糊的印象甚至遗忘，概括起来就是浏览较少且经过分类的信息要比较多且没有经过分类的信息更为有效和容易。这个规律蕴含在人们寻找信息和使用信息的实践活动中，所以设计师在进行设计活动时必须自觉地掌握和遵循这个规律，如图 5.1-6 所示。

◎ 图 5.1-5　主题明确的
网页设计举例

◎ 图 5.1-6　符号认知心理学的
网页设计举例

网页界面设计属于艺术设计范畴，其最终目的是达到最佳的主题诉求效果。这种效果的取得，一方面要通过对网站主题思想运用逻辑规律进行条理性处理，使之符合浏览者获取信息的心理需求和逻辑方式，让浏览者快速理解和吸收；另一方面要通过对网页构成元素运用艺术的形式美法则进行条理性处理，以更好地营造符合设计目的的视觉环境，突出主题，增强浏览者对网页的注意力，增进对网页内容的理解。只有这两个方面有机地统一，才能实现最佳的主题诉求效果，

如图 5.1-7 所示，作为耐克的重要产品线之一，Nike Jordan 系列以其网站上独特的动态产品图设计而著称。这些动态图片能更好地展示客户的故事，配合阳刚无比、动态十足的风格，令人印象深刻。

◎ 图 5.1-7　Nike Jordan 的网页设计

优秀的网页界面设计必然服务于网站的主题，也就是说，什么样的网站就应该有什么样的设计。例如，设计类的个人网站与商业网站的性质不同，目的也不同，所以评价的标准也不同。网页界面设计与网站主题的关系应该是这样的：首先，设计是为主题服务的；其次，设计是艺术和技术相结合的产物，也就是说，既要"美"，又要实现"功能"；最后，"美"和"功能"都是为了更好地表达主题。当然，在某些情况下，"功能"就是主题，"美"就是主题。

例如，百度作为一个搜索引擎，首先要实现"搜索"的"功能"，它的主题就是它的"功能"，如图 5.1-8 所示。

◎ 图 5.1-8　百度网站的主页面

而一个个人网站，可以只体现作者的设计思想，或者仅仅以设计出"美"的网页为目的，它的主题只有美，如图 5.1-9 所示。

优秀的设计
是形式对内容的
完美表现。

◎ 图 5.1-9　只体现美的个人网页设计

只注重主题思想的条理性，而忽视网页构成元素空间关系的形式美组合，或者只重视网页形式上的条理，而淡化主题思想的逻辑，都会削弱网页主题的最佳诉求效果，难以吸引浏览者的注意力，也就不可避免地出现平庸的网页界面设计或使网页界面设计以失败告终。

一般来说，我们可以通过对网页的空间层次、主从关系、视觉秩序及彼此间逻辑性的把握运用，来达到使网页界面从形式上获得良好诱导力，并鲜明地突出诉求主题的目的。

5.1.4　内容与形式要力求完美统一

任何设计都有一定的内容和形式。设计的内容是指它的主题、形象、题材等要素的总和，形式则是其结构、风格、设计语言等的表现方式。一个优秀的设计必定是形式对内容的完美表现。

一方面，网页界面设计所追求的形式美必须适合主题的需要，这是网页界面设计的前提。只追求花哨的表现形式，以及过于强调"独特的设计风格"而脱离内容，或者只追求内容而缺乏艺术的表现，网页的界面设计都会变得空洞无力。设计师只有将这两者有机地统一起来，深入领会主题的精髓，再融合自己的思想感情，找到一个完美的

网页界面设计时要强调其整体性，使浏览者更快捷、更准确、更全面地认识它、掌握它，并给人一种内部联系紧密、外部和谐完整的美感。

表现形式，才能体现出网页界面设计独具的分量和特有的价值。另一方面，要确保网页上的每一个元素都有存在的必要，不要为了炫耀而使用冗余的技术，那样可能会适得其反。只有通过认真设计和充分考虑来实现全面的功能并体现美感，才能实现形式与内容的统一，如图5.1-10所示。

◎ 图 5.1-10　体现内容与形式完美统一的网页设计举例

5.1.5　设计形式要注意有机和整体感

网页界面的整体性包括内容上和形式上的整体性，这里主要讨论形式上的整体性。网站是传播信息的载体，它要表达的是一定的内容、主题和观念，在适当的时间和空间环境里为人们所理解和接受，其以满足人们的实用和需求为目标。设计时强调其整体性，可以使浏览者更快捷、更准确、更全面地认识它、掌握它，并给人一种内部联系紧密、外部和谐完整的美感。整体性也是体现一个网页界面独特风格的重要手段之一。

网页界面的结构形式是由各种视听要素组成的。在设计网页时，强调页面各组成部分的共性因素或使各个部分共同含有某种形式的特征，是形成整体的常用方法。这主要从版式、色彩、风格等方面入手。例如，在版式上，对界面中各视觉要素做全盘考虑，以周密的组织和精确的定位来获得页面的秩序感，即使运用"散"的结构，也要经过深思熟虑之后再决定；一个网站通常只使用两三种标准色，并注意色彩搭配的和谐；对于分屏的长页面，不能设计完第一屏后，再去考虑下一屏。同样，整个网站内部的页面，都应该统一规划、统一风格，让浏览者体会到设计者完整的设计思想，如图 5.1–11 所示。

◎ 图 5.1–11　页面体现整体性举例

5.2　网站 UI 交互细节设计

5.2.1　着陆页

广义来说，着陆页是用户进入网站的起始或入口页面，形象地来说，就是用户在这个页面"着陆"。

现在着陆页已经变成一个更为具体的概念，这个页面的主要目的是营销或推广，是一个很有商业气味的页面，很多人将其作为宣传某个特定产品、服务、卖点或特征的媒介，以便用户能更快地留意到，

着陆页的主要目的是营销或推广，是一个很有商业气味的页面，很多人将其作为宣传某个特定产品、服务、卖点或特征的媒介，以便用户能更快地留意到，并且更专注地浏览这些信息。

并且更专注地浏览这些信息。一个优秀的着陆页设计可以给企业、商家或产品带来丰厚的收入和良好的推广作用。

正是因为这样，很多分析者认为着陆页比普通的网站首页更有效率，也更能实现一些有针对性的营销目标。和着陆页的效率相比，网站首页则常常囊括了过多信息，让用户无法专心，也更容易失去浏览的兴趣。

着陆页常常会用各式各样的创意展现其内容，以吸引不同的目标群体。可以说着陆页根本不可能有统一的主题或结构，不过，着陆页需要提供的内容还是能够找出一些规律的。页面的大小、包含多少模块、用了哪些视觉元素等都不是着陆页最重要的考虑因素，如何让着陆页提供"有价值"的信息才是最重要的考虑因素。

一般来说，一个着陆页需要包含如图5.2-1所示的内容。

1. 讲清楚所展示的是什么

讲清楚所展示的是什么（产品、服务、活动等），并提供刺激用户操作的元素。

◎ 图 5.2-1　着陆页包含的内容

从用户的角度来说，他们要知道网页能提供哪些好处，即使没有非常具体的细节，至少用户能清楚地知道这些好处是什么，并且这些好处确实有用。此时页面就可以同步地提供明显且方便进一步查看或操作的按钮、表格填写、订阅服务等元素，吸引用户去点击。

2. 口碑及信任感

人们总是倾向于相信那些被其他用户推荐的东西，也认为那些信息更有关注价值。因此在着陆页上提供一些用户评价、社交网络的粉丝规模、获奖情况和资质证书等信息，可以让访问者产生更好的印象，从而更有可能进入下一步。

3. 展示产品或服务的最主要特征或卖点

这部分信息具有补充说明的作用，丰富了产品的展示和呈现。它能让用户得知更多细节，比如，产品或服务所能达到的效用和应用的技术，以及能从哪些方面改善自己的生活等。

要注意的是，这些信息会让着陆页变得更庞大，所以在提供这些细节信息时要通盘考虑整个网站的信息规划，而不是仅仅把信息一股脑儿地堆到着陆页上。

如图 5.2-2 所示为 Sergy Valiukh 的着陆页设计，它提供了上面提到的所有内容元素。首先该页面是一个有机食物商店的推广网页，包含一些基

◎ 图 5.2-2

Sergy Valiukh 的着陆页设计

一个成功的"关于我们"不仅仅是将品牌、公司和团队信息填满页面那么简单，需要将团队和品牌视作一个整体，呈现出独有的风格，让用户记住。

本信息，如商店名称，产品、服务的卖点，引导用户操作的各类按钮，以及顾客评价的展示。设计者让整个页面的信息很丰富，同时也不会过于复杂和冗长，有吸引力但也不会过于激进。

在滚动页面浏览时设计者还加入了动画效果，让整个浏览过程的体验更为丰富，各个视觉元素之间组成了页面的整体视觉主题，让重要信息更为突出。

5.2.2 关于我们

毫无疑问，任何人都没有第二次机会来给人以"第一印象"。每个网站从首页到子页面都在介绍产品、提供服务、探讨功能，唯有"关于我们"页面关乎产品和服务的创建者。

一个成功的"关于我们"页面不仅仅是将品牌、公司和团队信息填满那么简单，需要将团队和品牌视作一个整体，呈现出独有的风格，让用户记住。

如图5.2-3所示，6tematik的"关于我们"页面设计得非常有意思。黑白配色永远不会过时，但是在某些情况下黑白并不足以满足全部需求，这个页面就使用了高饱和度的红色和蓝色作为提亮色，大胆而有效。要注意的是，高亮的信息越多，高亮的效果就越差，因为高亮

◎ 图 5.2-3
6tematik 的网页设计

的地方越多，用户越难发现真正重要的地方。因此，要做的是标记出
真正重要的事情。

5.2.3　弹窗

弹窗是一个为激起用户的回应而设计、需要用户去与之交互的浮
层。它可以告知用户关键信息，要求用户去做决定，抑或是涉及多个
操作。弹窗越来越广泛地被应用于软件、网页及移动设备中，它可以
在不把用户从当前页面带走的情况下，指引用户去完成一个特定的操
作。

当弹窗的设计及使用恰到好处时，它们就会是非常有效的用户界
面元素，能帮助用户快速且便捷地达成目标。

弹窗设计要遵循如图 5.2-4 所示的 5 个原则。

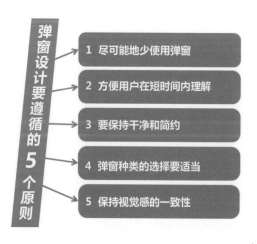

◎ 图 5.2-4　弹窗设计要遵循的 5 个原则

1．尽可能地少使用弹窗

由于弹窗会中断操作，所以要尽可能地少使用。在用户没有做任何操作时突然打开弹窗是非常糟糕的设计。许多网站用订阅框来轰炸用户，如图 5.2-5 所示，诸如此类的弹窗给没有键盘的用户造成了数不清的麻烦。

◎ 图 5.2-5　弹窗给没有键盘的用户造成了数不清的麻烦

在需要用户互动才可继续时，或犯一个错误的成本会很高时，使用弹窗是合适且合理的。如图 5.2-6 所示为告知用户一个情况，而这个情况需要用户确认。

◎ 图 5.2-6　弹窗告知用户一个需要确认的情况

因此，弹窗的出现应该永远基于用户的某个操作。这个操作也许是点击了一个按钮，也许是进入一个链接，也可能是选择了某个选项。要记住以下 3 点：

（1）不是每个选择、设置或细节都有必要中断用户当前的操作；

（2）弹窗的备选方案有菜单及同框内的扩展，这两种控件都可以保持当前页面的延续；

（3）不要突然跳出弹窗，应该让用户对弹窗的每次出现都有心理预期。

2. 方便用户在短时间内理解

如图 5.2-7 所示为方便用户在短时间内理解的 3 个体现。

◎ 图 5.2-7　方便用户在短时间内理解的 3 个体现

1）表述清晰的问题和选项

弹窗应该使用用户的语言（用户熟悉的文字、短语和概念），表述清晰的问题或陈述，如"清除您的存档？"或"删除您的账户？"总之，应该避免使用含有歉意的、模棱两可的或反问式的语气，如"警告！""你确定吗？"。

如图 5.2-8 所示，左边的弹窗提出了一个模棱两可的问题，并且这个操作可能影响的范围并不明确；右边的弹窗提出的问题相当明确，它解释了此次操作对用户的影响，并且提供了指向清晰的选项。

另外，尽可能不要给用户提供可能产生混淆的选项，而应该使用文意清晰的选项。大部分情

◎ 图 5.2-8　表述清晰的问题和选项

况下，用户应该能够只通过弹窗的标题和按钮，就了解有哪些选项。

如图 5.2-9 所示，左边按钮的文字"NO"（不）的确回答了弹窗内的问题，但是并没有直接告诉用户点击后会发生什么。右边肯定的操作文字"DISCARD"（丢弃）很明确地指示了选择这个选项的后果。

◎ 图 5.2-9 尽可能不要给用户提供可能产生混淆的选项

2）提供重要的信息

还有一点要注意，一个弹窗不应该把对用户有用的信息说得含糊不清。如果一个弹窗要让用户确认删除某些条目，就应该把这些条目都列出来。如图 5.2-10 所示，这个弹窗很简要地指明了这个操作的结果。

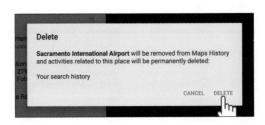

◎ 图 5.2-10　提供重要的信息

3）提出有关键信息的反馈

当一个流程结束时，记得显示一条提示信息（或视觉反馈），让用户知道自己已经完成了所有必要的步骤。如图 5.2-11 所示为一个在完成操作后成功的弹窗提示。

◎ 图 5.2-11　一个在完成操作后成功的弹窗提示

3．要保持干净和简约

不要把太多东西挤在一个弹窗内，要保持干净和简约，然而极简主义并不意味着被局限，设计师提供的所有信息都应该是有价值且与之相关的。

1）元素与选项的数量

弹窗绝不应该只是部分显示在屏幕上，因此不要使用有滚动控件的弹窗。

如图5.2-12所示，Stripe 使用了一个简单的弹窗，只显示最基本的信息，这样不管在桌

◎ 图 5.2-12　Stripe 的弹窗

面端还是在移动屏幕上看起来都很不错。

2）操作的数量

弹窗不该提供超过两个选项。第三个选项（图 5.2-13 所示的"LEARN MORE"）有可能将用户带离此弹窗，这样用户将没有办法完成当前任务。

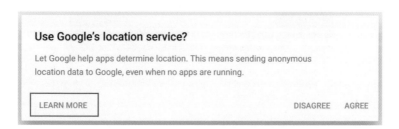

◎ 图 5.2-13　弹窗不该提供超过两个选项

3）不要将多个步骤放在一个弹窗内

把一个复杂的任务分解成多个步骤是一个极好的想法。然而这也会给用户传达一个信号，这个任务太复杂了，以至于根本无法在一个弹窗界面完成，如图 5.2-14 所示。

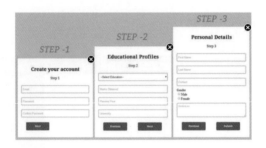

◎ 图 5.2-14　不要将多个步骤放在一个弹窗内

如果一个交互行为复杂到需要多个步骤才能完成，如图 5.2-15 所示，那么就有必要单独使用一个页面，而不是作为弹窗存在。

◎ 图 5.2-15　需要多个步骤才能完成的交互行为有必要单独使用一个页面

4. 弹窗种类的选择要适当

弹窗大致分为以下两类。

1）吸引用户关注的模态弹窗

强制用户与之交互后才能继续。移动系统的弹窗通常是模态的，并且含有如下基本元素：内容、操作和标题。模态弹窗（见图5.2-16）通常只在特别重要的交互操作时才须使用（如删除账户、同意协议）。

◎ 图 5.2-16　模态弹窗

（1）当不需要上下文就可以决定怎么做的时候。

（2）需要明确的"接受"或"取消"动作才能关闭。在单击这种弹窗的外部时，它并不会关闭。

（3）当不允许此用户的进程处于部分完成状态时（即用户必须完成此进程才可做其他操作）。

2）非模态弹窗

允许用户通过单击或轻触周围就可关闭。

5. 保持视觉感的一致性

1）弹窗下的背景

当打开一个弹窗时，后面的页面一定要稍微变暗。它有两个功能：第一，它把用户的注意力转移到浮层上；第二，它让用户知道后面的这个页面不再可用，如图5.2-17所示。

◎ 图 5.2-17　弹窗下的背景

另外，在调节背景深度时要注意。如果把它变得太暗，用户就无法看清背景的内容。如果调得太浅，用户可能会认为这个页面仍然可操作，甚至不会注意到弹窗的存在。

2）清晰的关闭选项

在弹窗的右上角应该有一个关闭选项。许多弹窗会在右上角有一个"×"按钮，方便用户关闭窗口。然而，这个"×"按钮对于一般用户而言并不是一个显而易见的退出通道。这是由于"×"按钮通常较小，它需要用户准确地定位到该处才能够成功退出，而这一过程通常很费事。

因而让用户通过单击非模态弹窗的背景区域退出就是一个更好的方法。如图 5.2-18 所示，该页面同时使用了单击 × 按钮和单击背景区域的退出方式。

◎ 图 5.2-18　同时使用了单击 × 按钮和单击背景区域退出方式的页面

3）避免在弹窗内启动小弹窗

应该避免在弹窗内再启动附加的小弹窗，这是因为此举会加深用户所感知到网站或 App 的层级深度，从而增大视觉的复杂性，如图 5.2-19 所示。

◎ 图 5.2-19　避免在弹窗内启动小弹窗

5.2.4　404 页面

英语里有一个比喻，如果生活给你一个酸柠檬，就把它做成柠檬水。在网络世界里有什么可以被称为"柠檬"呢，那一定是404页面。无论是关闭的服务器、断开的链接、不存在的页面，还是错误的网址，404页面都是令人烦恼的。

但是，有的网站在经营中会将这样的酸柠檬变成甜美的柠檬水。他们重新考虑404页面的功能，把其变成营销利器。有了正确的元素，甚至可以使404页面成为获取用户的新手段。

什么是404页面？当网站访客进入不存在页面时，就会显示404页面。其原因有可能是页面被移除、服务器或网络连接失败、用户打开了错误链接或输入了错误URL。通常来说，404页面会显示下列信息之一：

404 Not Found；

HTTP 404 Not Found；

404 Error；

The page cannot be found；

The requested URL was not found on this server。

一个优秀的404页面在用户不慎进入时应当告诉他们如何进行接下来的操作，并且应当提供有用的信息来帮助访客在不离开网站的情况下找到所需要的信息。

如图5.2-20所示，这个404页面除提供了一些重要的链接外，还提供了几个秘密链接，用户打开之后会发现一些不错的音乐。这种方式会增加网站的黏度。

◎ 图 5.2-20　Niki Brown 404 页面设计

再如图 5.2-21 所示，作为一个纸模类的网站，其 404 页面突出了网站的特征：它不仅选取了一个与错误有关的人物角色，还提供了图片下载链接。纸模用户可以将其打印出来，做成关于这个角色的纸模，独具匠心。

◎ 图 5.2-21　CUBEECRAFT 404 页面设计

第 6 章

移动端 UI 交互设计

移动端 UI 的概念建立在 UI 概念上。UI 概念中包含的两个方面——"用户的界面"和"用户与界面"都涉及用户与移动界面的交互体验，但无论是用户的界面还是用户与界面，最终的落脚点都在"视觉上"。移动端 UI 不仅仅是视觉传达上所指的界面美化设计，同时必须满足视觉"看见"后才有的交互操作设计。移动互联网产品中的 UI 便是移动端 UI，如手机上使用的苹果 iOS 系统、安卓系统、Windows Mobile 系统，又如手机客户端、App 应用等都属于移动端 UI。因此，对于移动端 UI 的研究离不开视觉两个字。

随着移动时代的不断发展，用户越来越喜欢简洁、美观、易用的设计和产品，所以用户体验成为整个互联网的命脉。为了吸引更多的用户，作为设计师必须要让软件和应用系统变得更具有个性和品位，让操作变得更加舒适、简单、自由，充分体现软件和应用的定位、特点与意义，提高用户体验。

6.1 从桌面端到移动端内容迁移时的 7 个要点

当内容要从桌面端迁移到移动端时，可以采取如图 6.1-1 所示的方法，让用户和内容更好地缝合起来。

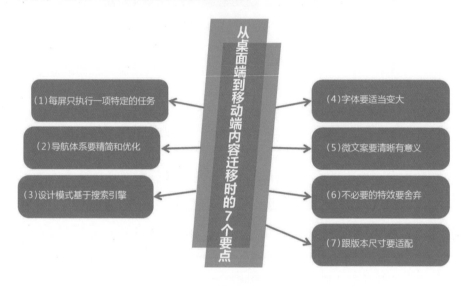

◎ 图 6.1-1 从桌面端到移动端内容迁移时的 7 个要点

6.1.1 每屏只执行一项特定的任务

虽然手机的屏幕越来越大，但是当内容在移动端设备上呈现的时候，依然要保证每屏只执行一个特定的任务，不要堆积太多及跨流程的内容（见图 6.1-2）。

◎ 图 6.1-2 每屏只执行一项特定的任务

当用户打开网站或 App 的时候通常倾向于执行特定的操作、访问特定的页面，或者希望单击特定的按钮，这些操作能否实现大多基于导航模式的设计。

虽然在移动端设备上，用户已经习惯执行多任务，看着球赛聊着天，这样的案例不胜枚举。用户的习惯和多样的应用场景使得移动端界面必须保持内容的简单直观，使得用户在繁杂的操作中不至于迷失或感到混乱。

6.1.2　导航体系要精简和优化

当用户打开网站或 App 的时候通常倾向于执行特定的操作、访问特定的页面，或者希望单击特定的按钮，这些操作能否实现大多基于导航模式的设计。

虽然在桌面端网页上，一个可用性较强的导航能够承载多个层级、十几个甚至二十多个不同的导航条目，但是在移动端，屏幕限制和时间限制往往让用户来不及也不愿意去浏览那么多条目。

导航需要精简优化（见图 6.1-3）。如果设计师不确定从什么地方开始，那么就应该先针对移动端版本进行用户分析：用户访问得最多的前三至四个条目是什么？这些页面是否符合主要用户群体的期望？希望用户更多地打开哪些内容？当搞清楚整个导航的关键元素之后，就可以有针对性地做优化和调整了。

◎ 图 6.1-3　精简并优化导航体系

从桌面端迁移到移动端，内容的形态也需要跟随平台的变化而进行适当优化和修改。

在小屏幕上显示的内容应该适当地增大，让用户能够更轻松地阅读和消化。

6.1.3 设计模式基于搜索引擎

"不要总是玩弄算法，创造用户想看的内容才是正途。"

无论网站的点击量是 100 还是 10 万，设计师都应该尽量让移动端上的内容更易于被搜索到；无论是关键词、图片还是内容都应该能够被优化到易于被搜索引擎抓取到（见图 6.1-4）。但是最关键的地方并不是算法，而是要创建用户想要获取的优质内容。

◎ 图 6.1-4　基于搜索引擎的设计模式

从桌面端迁移到移动端，内容的形态也需要跟随平台的变化而进行适当优化和修改。比如，大量大尺寸的图片需要跟着移动端的需求进行优化、选择尺寸更合理的图片、放弃不匹配移动端需求的动效等。

6.1.4 字体要适当变大

在小屏幕上显示的内容应该适当地增大，让用户能够更轻松地阅读和消化。通常，在移动端，每行容纳的英文字符的尺寸为 30~40 个较合理，而这个数量基本上是桌面端的一半左右。

在移动端排版设计时要注意的东西还有很多，但是总体上，让字体适当增大一些，可以让整体的阅读体验有所提升（见图 6.1-5）。

设计优秀的微文案能够让整个界面的个性、设计感有明显提升，它们是信息呈现的重要途径，可以将设计转化为可供理解的内容。

◎ 图 6.1-5　大字体

6.1.5　微文案要清晰有意义

微文案在界面中几乎无处不在，如按钮中的文本，它们对于整体的体验有着不小影响。

设计优秀的微文案能够让整个界面的个性、设计感有明显提升，它们是信息呈现的重要途径，可以将设计转化为可供理解的内容（见图6.1-6）。

◎ 图 6.1-6　清晰且有意义的微文案

在移动端设计上，微文案的显示要足够清晰，并且始终围绕着用户要做什么来打磨其中的表述方式。

在移动端上支付是非常常见的使用场景，而支付时常受到各种问题的影响，如横跨多屏的表单，此时引导性较强的微文案能够更好地帮助用户一次性填写好正确内容。

内容在迁移到移动端网页和 App 上的时候，快速无缝的加载和即点即用的交互方式是用户的首要需求，剥离花哨和无用的动效，会让用户感觉更好。

6.1.6　不必要的特效要舍弃

在桌面端网页上，旋转动效和视差滚动常常会让页面看起来非常不错，但是在移动端，情况则完全不同。内容在迁移到移动端网页和 App 上的时候，效率和可用性始终是第一需求。快速无缝的加载和即点即用的交互方式是用户的首要需求，剥离花哨和无用的特效，会让用户感觉更好（见图 6.1-7）。

◎ 图 6.1-7　去掉不必要的特效

另外，悬停特效也要去掉。移动端上手指触摸是主要的交互手段，悬停特效是毫无意义的存在。作为设计师，需要围绕点击和滑动两种交互方式来构建移动端体验，因为只有它们才能给用户正确的反馈。

6.1.7　跟版本尺寸要适配

在移动端设备上打开一个网页，结果加载的是桌面端的版本，仅仅只是尺寸缩小了，没有什么比这个更令人尴尬了。移动端网页和 App 应该让用户更易于访问，对于整体尺寸和排版布局的设计应该更有针对性，有时候这种适配只需要针对部分内容（见图 6.1-8）。

1　在桌面端横向排布的控件，可以垂直排列在移动端页面上

2　考虑到移动端设备上用户的浏览方式，图片最好被切割为方形，或者和手机屏幕比例相近的形状

3　文本和微文案应该设计得更加简明直观

4　可以不沿用桌面端的导航模式，只采用侧边栏或底部导航等更适合移动端的方式

5　行为召唤元素可以做得更大，甚至扩展到整屏

6　所有按钮或可点击的元素都按照用户的手持方式，放到手指最易于触发的位置

跟版本尺寸要适配的 6 个做法

◎ 图 6.1-8　跟版本尺寸要适配的 6 个做法

6.2　App UI 交互设计

　　App 指智能手机的第三方应用。在互联网开放化、商业化和市场多元化的环境下，企业 App 市场正高速发展，各大电商和企业将 App 作为销售的主战场之一，通过 App 软件平台对不同的产品进行无线控制，积累不同类型的网络受众并获取大众流量，App 带来的好的用户体验为企业提高了品牌形象，更为企业未来的发展奠定了重要基础。

　　App 的界面类型大致可以分为启动界面、顶层界面、一览界面、详细信息界面和输入操作界面（见图 6.2-1）。

贯穿 App UI 版式
设计的四大原则：对齐、
重复、亲密、对比。

	启动界面
1	启动界面提供一些辅助功能，用于对服务和功能进行说明
	顶层界面
2	顶层界面充分利用页面空间显示各类信息，包含多样性的 UI 组件，设计导航控件和列表
	一览界面
3	一览界面是用户执行搜索操作后显示的结果界面，通过垂直列表显示，在社交类服务应用中常配合 UI 组件以时间轴的形式显示信息，另一些则大量显示媒体照片及视频
	详细信息界面
4	详细信息界面是用户实际希望访问的目标界面，主体应尽可能避免多余的 UI 组件，对于控件和操作面板应为其添加自动隐藏功能，篇幅较长的应考虑分页显示，提高阅读舒适感
	输入操作界面
5	输入操作界面是用户执行特定操作的界面，优先考虑易用性，降低误操作，除了注册登录和消息发布，还有对服务的设置管理，如增加细节设计定会萌生用户的好感，这也是界面设计提升魅力的发展空间所在

◎ 图 6.2-1　App 的界面类型

6.2.1　App UI 版式设计

1. 信息

对信息进行排布的时候，首先必须要掌握的是贯穿 App UI 版式设计的四大原则：对齐、重复、亲密、对比。

对齐方式除了能建立一种清晰精巧的外观，还能方便开发的实现。

> 在需要突出重点的时候就可以使用对比的手法，例如，图片大小的不同或颜色的不同表示强调，让用户直观地感受到最重要的信息。

> 组织信息可以根据亲密性的原则，把彼此相关的信息靠近，归组在一起。

基于从左上至右下的阅读习惯，移动端界面中内容的排布通常使用左对齐和居中对齐，表单填写的输入项使用右对齐，如图 6.2-2 所示。

设计和做其他事情一样，也要有轻重缓急之分，不要让用户去找重点，应该让用户流畅地接收到我们想要传达的重要信息。重复和对比是一套组合拳，让设计中的视觉元素在整个设计中重复出现既能增加条理性也可以加强统一性，降低用户认知的难度。在需要突出重点的时候可以使用对比的手法，例如，图片大小的不同或颜色的不同表示强调，让用户直观地感受到最重要的信息，如图 6.2-3 所示。

在排布复杂信息的时候，如果没有规则地排布，那么文本的可读性就会降低。组织信息可以根据亲密性的原则，把彼此相关的信息靠近，归组在一起。如果多个项相互之间存在很近的亲密性，它们就会成为一个视觉单元，而不是多个孤立的元素。这有助于减少混乱，为读者提供清晰的结构，如图 6.2-4 所示。

◎ 图 6.2-2 对齐

◎ 图 6.2-3 重复与对比

◎ 图 6.2-4 同类内容在视觉上更靠近

适当使用图形可以增加易读性和设计感，而且对图形的理解比文字更高效。

提升图版率会产生充满活力、使画面富有感染力的效果。

在设计表达的时候，一定要考虑内容的易读性。适当使用图形可以增加易读性和设计感，而且图形的理解比文字更高效。那些用文字方式表现时显得冗长的说明，一旦换成可视化的表现方式也会变得简明清晰，可视化的图形可以将说明、标题、数值这些比较生硬的内容以比较柔和的方式呈现出来，如图 6.2-5 所示。

◎ 图 6.2-5　通过可视化的方式表达数据

2. 图片

在确定 App 的页面结构和文本后，就要开始进行图标、按钮、图片的编排，这时页面也就从单纯文本的"阅读"型结构调整为"观看"型结构，这对于页面的易读性及页面整体的效果会产生巨大影响。页面中图片所占的比率叫作图版率，通常情况下降低图版率会给人一种宁静、典雅、高级的感觉。提升图版率会产生充满活力、使画面富有感染力的效果。如图 6.2-6 所示，上图图版率高，能够带来感染力，下图图版率低，给人宁静、典雅的感觉。

（a）图版率高，带来感染力

（b）图版率低，给人宁静、典雅的感觉

◎ 图 6.2-6　图版率的作用

在实际中也与选取图片的元素、色调、表达出来的情感有关系，合适的图片能散发出整个应用的气质，直接传达给人"高级""平民化""友好"等不同的感觉（见图 6.2-7）。

◎ 图 6.2-7　选择合适的图片同样能产生高级的感觉

在内容比较少但又想提高版面率的情况下，可以采用一些色块，或者抽象化模拟现实存在的物件，如电影票、书本纸张、优惠券、便签等的效果，使界面更友好，同时降低空洞的感觉。通过这种方式也可以改变页面所呈现出的视觉感受，只是其最多能改变页面的色调、质感，并不能改变"阅读"内容的比例，这点是需要注意的（见图 6.2-8 和图 6.2-9）。

◎ 图 6.2-8　图片较少时可以使用色块　　　◎ 图 6.2-9　通过模拟现实中的材质提高图版率

3. 颜色

不同的颜色可以带给用户不同的感觉。在移动端界面中通常需要选取主色、标准色、点晴色。移动端与桌面端稍微不同，主色虽然决

移动端的主色决定了画面风格的色彩，但是往往不会被大面积使用。通常在导航栏、部分按钮、icon、特殊页面等地方出现，会有点睛、定调的作用。

定了画面风格的色彩，但是往往不会被大面积使用。通常在导航栏、部分按钮、icon、特殊页面等地方出现，会有点睛、定调的作用。统一的主色调也能让用户找到品牌感的归属，如网易红、腾讯蓝、京东红、阿里橙等。标准色指的是整套移动界面的色彩规范，确定文本、线段、图标、背景等的颜色。点睛色通常会用在标题文本、按钮、icon 等地方，通常起到强调和引导阅读的作用。

主色在选择上可能不止一个，点睛色通常也由两三个颜色组成，标准色更是一套从强到弱的标准群，因此在点睛色与主色、主色与主色之间的选择上便有不同的方法。

1）邻近色配色

利用色相环上邻近的颜色配色的方法比较常用，因为色相柔和过渡，同时非常自然，如图 6.2-10 所示。

◎ 图 6.2-10　邻近色配色

2）同色系配色

同色系配色是指色相一致，饱和度不同，主色和点睛色都在统一的色相上。这种方式给用户一种一致化的印象，如图 6.2-11 所示。

3）点睛色配色

点睛色配色是指主色用相对沉稳的颜色，点睛色采用一个高亮的

◎ 图 6.2-11　同色系配色

颜色,起带动页面气氛、强调重点的作用,如图 6.2-12 所示。

4)中性色配色

这种方法在移动端最常见,以一些中性色彩为基调搭配,弱化干扰,如图 6.2-13 所示。

◎ 图 6.2-12　点睛色配色　　　◎ 图 6.2-13　中性色配色

4．留白

留白也是构成页面排版必不可少的因素。所有的白都是"有目的的留白",带有明确的目的来控制页面的空间构成。

常见的留白手法有如图 6.2-14 所示的 4 种。

1)通过留白来减轻页面带给用户的负担

任何一个应用的首屏都是至关重要的,因此一些比较复杂的应用首屏常常堆积了大量内容。如果无节制地添加,页面中包含的内容太多,就会给人一种页面狭窄的感觉,从而给用户带来强烈的压迫感。留白则能使页面的空间感更强,视线更开阔,从而给用户营造出一种轻松的氛围,如图 6.2-15 所示。

◎ 图 6.2-14 常见的留白表现手法

◎ 图 6.2-15 通过留白来减轻页面带给用户的负担

2）通过留白区分元素的存在，弱化元素与元素之间的阻隔

表单项与表单项之间、按钮与按钮之间、段落与段落之间这种既有联系又需要区分的元素用留白的方式可以轻易造成一种视觉上的识别，同时能给用户一种干净整洁的感觉，如图 6.2-16 所示。

3）通过留白有目的地突出表达的重点

"设计包含着对差异的控制。不断重复相同的工作使我懂得，重要的是要限制那些差异，只保留最关键的。"这句话出自原研哉的《白》一书，通过留白去限制页面中的差异使内容突出，是最简单自然的表达方式。减少页面的元素及杂乱的色彩，让用户可以快速聚焦到产品本身，这种方法在电商类的应用中非常广泛，如图 6.2-17 所示。

◎ 图 6.2-16　通过留白区分元素的存在，弱化元素与元素之间的阻隔

◎ 图 6.2-17　通过留白有目的地突出表达的重点

4）留白赋予页面构成产生不同的变化

版式设计要有节奏感。App 的很多板块之间都可以通过塑造局部去突出个性或特点。留白可以赋予页面轻重缓急的变化，营造出不同的视觉氛围，如图 6.2-18 所示。

◎ 图 6.2-18　留白赋予页面构成产生不同的变化

需要注意的是，留白不是一定要用白色去填充界面，而是营造出一种空间与距离的感觉，达到自然与舒适的境界。

5. 视觉心理

在观看事物时，往往会产生一些不同的视觉心理，例如，两个等宽的正方形和圆形放在一起，我们一定会觉得正方形更宽。在版式设计中同样大量运用这些科学视觉方法对用户进行视觉上的引导，也能让设计师快速找到一些排版布局的技巧。

最常见的方法是灵活运用黄金分割比，文本与线段的间隔、图片的长宽比等都可以通过黄金分割比快速设定，如通栏高度的设定等，如图 6.2-19 所示。

◎ 图 6.2-19　通栏高度选择黄金比例设定

在界面排布中，往往圆角和圆形比直角更容易让人接受，也更加亲切。直角通常用在需要更全面展示的地方，如用户的照片、唱片封面、艺术作品、商品展示等，而在个人的订阅或头像、板块的样式等处使用圆角会有更好的效果，如图 6.2-20 和图 6.2-21 所示。

◎ 图 6.2-20　圆角和圆形比直角更容易让人接受

◎ 图 6.2-21　照片、唱片一般采用方形展示

排版要有轻重缓急，避免单调，这样让用户在观看的过程中才不会感到冗长无趣，如图 6.2-22 所示。

◎ 图 6.2-22　避免单调，增加版式的节奏感

图片也有不同的色调，通过蒙版的方法可以控制色调。如果选择比较明亮的色调，则可以减轻对用户的压迫感，而选择比较暗的色调则可以让整个画面更沉稳，内容显示更为清晰，如图 6.2-23 所示。

◎ 图 6.2-23　通过蒙版的方法控制图片的色调

6.2.2 App 交互细节设计案例

1. 案例：QQ 邮箱文案

通过讲述一些故事突出产品特质，引发用户共鸣，从而提升品牌形象（见图 6.2-24）。

◎ 图 6.2-24 QQ 邮箱文案

2. 案例：Readme 登录页面

在 Readme 的登录页面上，为了增强用户在输入密码时感受到的安全感，在输入 Email 账户时猫头鹰睁着眼睛，而在输入密码时猫头鹰会遮住自己的眼睛（见图 6.2-25）。

◎ 图 6.2-25 Readme 登录页面